图解家装木工
技能速成

筑·匠 编

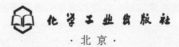
化学工业出版社
·北京·

本书根据家装木作施工的特点，运用图解的形式，生动、形象地讲解了家装木工的知识和技能，内容包括木工基础知识，常用工具和材料，木制品的接合方式、框架、木门窗、细木制品、吊顶、隔墙以及家居小摆件的制作方法等。本书的讲解由浅入深，让没有木作施工经验的读者也能迅速地学会相关的知识，真正做到"家装木工，一本足够"。

本书适用于家装业主、希望从事和正在从事家装行业的木工、自学木工等相关人员阅读和参考。

图书在版编目（CIP）数据

图解家装木工技能速成/筑·匠编.—北京：化学工业出版社，2019.4（2022.4重印）

ISBN 978-7-122-33717-7

Ⅰ.①图…　Ⅱ.①筑…　Ⅲ.①建筑装饰-工程装修-细木工-图解　Ⅳ.①TU759.5-64

中国版本图书馆 CIP 数据核字（2019）第 014627 号

责任编辑：彭明兰　　　　　　　　　　文字编辑：邹　宁
责任校对：宋　玮　　　　　　　　　　装帧设计：王晓宇

出版发行：化学工业出版社（北京市东城区青年湖南街 13 号　邮政编码 100011）
印　　装：天津盛通数码科技有限公司
880mm×1230mm　1/32　印张 7　字数 201 千字
2022 年 4 月北京第 1 版第 4 次印刷

购书咨询：010-64518888　　　　　　售后服务：010-64518899
网　　址：http://www.cip.com.cn
凡购买本书，如有缺损质量问题，本社销售中心负责调换。

定　　价：38.00 元　　　　　　　　　　版权所有　违者必究

　　随着经济的不断发展、人们的生活水平不断提高，对自身的居住环境也有了更高的要求。在家装过程中，木作施工是重要的分部工程，因为很多结构改造、门窗和柜体制作、饰面装修都要用到木作施工。但是，很多人对木作施工的相关知识不是很了解，不清楚相关的操作步骤与要求，或对施工细节模棱两可。我们从这一情况出发，编写了本书。

　　本书以详细、通俗易懂的语言讲述家装木工的知识，包括各种工具的使用、材料的识别与应用、木制品接合方式、木层制作、木门窗制作、细木制品制作、吊顶装修、隔墙装修、家居小摆件制作等。本书将专业知识化繁为简，使读者在阅读后，能够迅速提升自身的专业技能，不但能做好木作施工，还可以轻松做好木作施工的监工。

　　书中内容适合希望从事或正从事家居装饰装修行业的木工和待装修业主阅读和参考，也适合木工自学者、进城务工人员、转业或创业人员阅读，还可供相关学校作为培训教材使用。

　　由于编写时间和水平有限，尽管编者尽心尽力，反复推敲核实，但难免有疏漏及不妥之处，恳请广大读者批评指正，以便做进一步的修改和完善。

CONTENTS
目录

第四章　木制品接合方式的选择
Chapter 04

第五章　手把手教你制作木屋架
Chapter 05

第六章　手把手教你制作木门窗

06 Chapter

第七章　手把手教你制作细木制品

07 Chapter

第八章　手把手教你进行吊顶装修

08 Chapter

第九章　手把手教你进行隔墙装修

第十章　手把手教你制作家居小摆件

参考文献

第一章 家装木工基础知识

一、了解家装木作施工

1. 家装木作施工的木工活

　　木作工程在家庭装修中费用支出的占比较大，而且技术含量也很大。家装中常说的木工活，是指家装施工中所用材料以木制品为主的分项工程。在木作工程中，主要施工项目有吊顶龙骨架设（图1-1）、

图1-1　吊顶龙骨架设施工

木制门窗制作、木制柜体家具制作（图1-2）、电视背景墙造型（图1-3）、地板安装（图1-4）等。

图1-2　木制柜体家具制作施工　　　图1-3　电视背景墙造型施工

图1-4　地板安装施工

　　不管什么样的木作工程，其基本工序大致可分为两部分，一部分是做基本框架，另一部分是表面封装。

　　① 基本框架（图1-5）：一般用细木工板和龙骨制作基本框架，用钢钉枪往水泥墙面上固定，用直钉枪连接龙骨和细木工板，应注意制作规矩，整体框架要和谐、美观、标准。

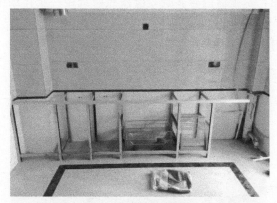

图 1-5　基本框架制作

②表面封装（图 1-6）：框架钉好后，要在表面封上装饰面板，主要是木制面板、石膏板等，注意粘牢，缝隙不能太大。

图 1-6　表面封装

2. 家装木工活的工艺流程

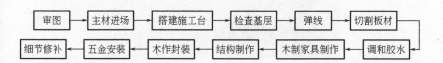

① 审图：木工活内容多杂，应按照图纸做一个详细施工规划及统计所需木料种类和数量。

② 主材进场（图1-7）：主材进场后及时刷一道底油，墙面应刷防腐剂处理，钢制品应刷防锈漆。

　　这层底油被称为"罩面漆"，不仅可以保护木制品，而且还起到隔绝水分、保持木材正常含水率的作用

图1-7　主材进场刷底油

③ 搭建施工台（图1-8）：施工台用于切割板材以及板材的造型

图1-8　搭建施工台

与平整度的处理等。

④ 检查基层：施工前检查基层墙体平整度，误差≤3mm。

⑤ 弹线：按图纸确定安装位置，并统一弹线标高。

⑥ 切割板材（图1-9）：选择颜色相似的板材，切割刨光、拼板齿接、搭建框架，并刷防火涂料。

⑦ 调和胶水：拼板胶和固化剂的配比，天气热时配比为10：1.2，天气冷时一般配比为10：1.8。

图1-9 切割板材

⑧ 木龙骨吊顶（图 1-10）：搭建并固定吊顶木龙骨架，所有钉眼都应涂上防锈漆。

图 1-10　木龙骨吊顶

⑨ 木制家具制作（图 1-11）：制作并固定衣柜、书柜、书架等木制家具框架。

⑩ 结构制作（图 1-12）：制作并固定暖气罩、包立管等。

⑪ 木作封装：制作完木制品后需对其整个木制品表面封装，并遮盖钉眼。

图 1-11　木制家具制作

⑫ 五金安装（图 1-13）：应选购品质好的五金件，直接关系到日常使用。

⑬ 细节修补（图 1-14）：仔细检查木作工程是否稳固牢靠，表面是否平滑，边缘是否平整，缝隙是否严密。

⑭ 完工验收。

图 1-12 结构制作

3. 家装木作施工的基本要求

① 用材必须真材实料，不能以次充好，严格按预算、图纸执行。

② 所有新做砖墙及靠卫生间墙面做木饰品，如衣柜、造型墙面等，必须在砖墙及夹板面分别刷两遍防潮漆后才能进行下一道工序（图 1-15）。

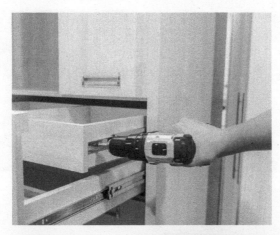

图 1-13　五金安装

　　③ 在原墙面上做木饰物，如门套、窗套、地脚线等，必须贴一层防潮纸（图 1-16）。

　　④ 实木线条及饰面板在同一视线面上时，必须颜色协调，纹理相对（图 1-17）。

　　⑤ 实木门套线、窗套线、台口线、收口边线与饰面板的收口必须紧密、牢固、平整（图 1-18）。

小贴士

修补细节时，需要特别注意边角的部分，应做重点查验

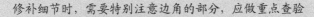

图 1-14　细节修补

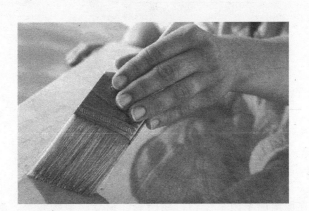

图 1-15　刷防潮漆

⑥ 家具门、衣柜内侧面口、抽屉墙、门遮暗边必须用实木扁线收口（无内衬面板除外）（图 1-19）。

⑦ 家具、木门、地脚线、吊顶、地板各有严格的操作标准。

图 1-16　贴防潮纸

图 1-17　实木线条及饰面板的协调

a. 家具：非实木类家具，应用 18mm（俗称十八厘）木工板做家具框架，5mm（俗称五厘）板做背板，用 12mm（俗称十二厘）木工板做抽屉墙，5mm（俗称五厘）板做抽屉底板（图 1-20）。

图 1-18　收口必须紧密

图 1-19　家具门、衣柜内侧面口须用实木扁线收口

图 1-20 非实木家具结构用材

b. 木门：用杉木条子加双面 9mm（俗称九厘）板加双面饰面板做门，厚度不能少于 4cm。

c.地脚线：用15mm（俗称十五厘）木工板加饰面板加实木线条做地脚线。

d.吊顶：纸面石膏板吊顶用木龙骨做基础，并用优质螺钉固定。

e.地板：地垅必须现冲，间距为中对中24.4cm（无夹板垫底的除外），必须用地板钉在松木龙骨上固定（图1-21）。

图1-21　地板龙骨

⑧厨房、卫生间铝扣板吊顶必须用木龙骨或轻钢龙骨架作基层（图1-22）。

⑨橱柜台面高度以使用者的身高尺寸为标准，不要盲目轻信标准高度。

图 1-22　铝扣板吊顶必须有骨架基层

⑩ 抽屉轨道不少于 3 个螺钉，合页、铰链等五金件一孔对一螺钉，一个也不能少（图 1-23、图 1-24）。

图 1-23　抽屉轨道不少于 3 个螺钉

图1-24 合页、铰链等五金件—孔对—螺钉

⑪ 贴饰面板、钉实木线条，胶水不能多用，也不能不用，要控制好量。

⑫ 做隔墙或吊顶表层一定要用纸面石膏封面，遇到墙体、柱、梁时，最好采用外包做法。纸面石膏板隔墙必须内衬两层隔声棉（图1-25）。

⑬ 木作结构要横平竖直，无特殊情况转角都应该是90°的。

⑭ 拼花整齐，应该无缝隙或者保持统一的缝隙（图1-26）。

⑮ 柜门开启应该轻松无异响。

⑯ 钉眼上应涂防锈漆（图1-27）。

图 1-25　隔墙需用石膏板封面，内衬两层隔声棉

图 1-26　拼花整齐，缝隙一致

⑰ 木封口线、角线、腰线饰面板接口缝不超过 0.2mm，线与线夹口角缝不超出 0.3mm，饰面板与板接口缝不超过 0.2mm，推拉门整面误差不超出 0.3mm。

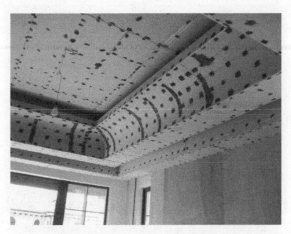

图 1-27　钉眼应涂防锈漆

4. 家装木作施工规范

　　① 木工进入施工现场应熟悉施工图纸，安排好施工程序，弹出所有房间的水平线（图 1-28）。如有吊顶工程应从上而下施工，弹出吊顶标高线和吊点再施工。

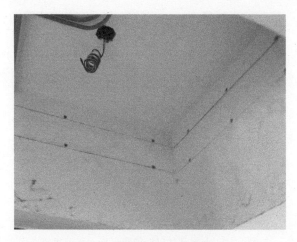

图 1-28　根据施工图纸弹水平线

　　② 安装石膏板接缝必须留有 3mm 的缝隙，自攻螺钉必须凹进石膏板面（图 1-29）。

图 1-29　石膏板接缝须留 3mm 缝隙

　　③ 所有木制品的基层框架尺寸必须划分准确，保持水平及垂直，平整光滑（图 1-30）。

图 1-30　木制品基层框架须保持水平及垂直

④ 门窗套必须保持水平及垂直（图 1-31），底板平整光滑，刷胶时不得有漏刷，以保证面板与底层黏合的牢固性。

图 1-31　门窗套必须保持水平及垂直

⑤ 贴面板时，排钉距离必须一致，贴面板时须使用蚊钉枪。

⑥ 门套线与窗套线的 45°对角与接口缝必须严密（图 1-32），线条凸出面板的应用小铁刨子处理平整，处理时不得伤及面板表层。

图 1-32　门套线 45°对角与必须严密

⑦ 对家具制作的尺寸划分要准确，以防制作橱门时带来不必要的影响，橱门的边角处必须保持直线。

⑧ 木作内表面保护同样重要，应做到清洁无乱钉、无毛刺。

⑨ 橱门安装缝口大小均匀一致（图 1-33），抽屉内口必须收边无

图 1-33　橱门接缝大小均匀一致

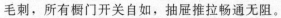

毛刺，所有橱门开关自如，抽屉推拉畅通无阻。

⑩ 做好成品保护，不准随手把施工工具放在做好的面板上，以免有划痕而影响整体效果。施工现场必须保护整洁，每天都应清理一次。

5. 木作工程工艺质量的鉴别

① 构造是否平直，无论水平方向还是垂直方向，正确的做法下都应该是平直的。

② 转角是否准确，正常的转角都是 90°的，特殊设计因素除外。

③ 弧度是否顺畅、圆滑，除了特殊设计外，多个同样的造型还要确保造型一致。

④ 柜体柜门开关是否正常。柜门开关时，应操作轻便，没有异声。固定的柜体接墙部一般应没有缝隙。

⑤ 木作工程项目是否存在破缺现象，应保证木作工程项目表面的平整，没有起鼓或破缺。

⑥ 对称性木作工程项目是否对称。

⑦ 天花角线接驳处是否顺畅，有无明显不对称和变形。

⑧ 地脚线是否安装平直，离地是否准确。

⑨ 洗手间、厨房部分的铝扣板、PVC 扣板等是否平整，有没有变形现象。

⑩ 柜门把手、锁具安装位置是否正确，开启是否正常。

⑪ 卧室门及其他门扇开启是否正常。关闭状态时，上、左、右门缝应严密，下门缝隙适度，一般以 0.5cm 为佳。

二、家装木作施工常用术语

① 树种——树木的名称。

② 纹理——木材表面的天然花纹。

③ 初腐——木材明显变色，材质尚未明显变化的初期腐朽阶段。

④ 板材——宽度大于厚度3倍的木材。

⑤ 原木——树干按规定的长度截锯成的圆木段。

⑥ 木材含水率——木材中水分重量与木材绝对干重的百分比，又称绝干含水率。

⑦ 木材干燥——使木材的含水率达到一定技术要求的处理过程。

⑧ 大气干燥——木材堆放在室外场地进行自然的干燥过程。

⑨ 人工干燥——木材在特定设备中的干燥过程。

⑩ 锯路——用锯具分割木材时产生的缝隙。

⑪ 锯痕——锯齿在锯割表面留下的痕迹。

⑫ 毛料——锯截后留经加工的木料。

⑬ 净料——毛料经切削加工后，达到规定尺寸的工件。

⑭ 零件——用以组装部件或产品的单件。

⑮ 部件——由零件组装成的独立装配件。

⑯ 单包镶——木框一面胶贴人造板。

⑰ 双包镶——木框两面胶贴人造板的板件。

⑱ 锯割——用锯具分割木材的过程。

⑲ 平面刨削——利用刨具对木制零、部件表面进行平面加工。

⑳ 成型铣削——利用成型铣刀对零、部件进行铣削加工。

㉑ 开榫——在工件端头加工规定的榫舌。

㉒ 打眼——在工件上加工规定的孔眼。

㉓ 嵌——部件表面加工出一定的凹形，然后卡入其他部件。

㉔ 镶——一般部件边沿封小木条称镶边，两种部件拼合称镶拼。

㉕ 截头——截去零部件长度以外的多余部分。

㉖ 封边——板部件边沿用封条或其他材料处理称封边。

㉗ 翘曲度——产品或零部件，同一平面上整体的平整程度。

㉘ 平整度——产品或零部件，同一平面上局部的平整程度。

㉙ 邻边垂直度——描述产品矩形面相邻两边的垂直程度。

㉚ 外表——产品外部作涂饰处理或做其他表面处理之处。

㉛ 内表——产品玻璃门内或其他空格（如开放式柜内及搁板）

内做涂饰或其他表面处理之处。

㉜ 内部——产品内或抽屉内。

㉝ 隐蔽处——产品内外在一般使用中不易见到的部位。

㉞ 粗光——产品零件在经平刨、压刨等机械加工后表面的光滑程度；其特点是平整、无啃头、无锯痕、无明显的逆纹雀裂或长度大于 3mm 的波纹。

㉟ 细光——产品部件的粗糙程度，其特征是目视不明显，但尚有手感的毛刺、刨痕、横茬，无逆纹、雀裂、沟纹。

㊱ 精光——产品零部件表面的粗糙程度，其特征是目视或手感均无毛刺、刨痕、横茬、机械损伤，用粉笔平划以后无粗糙痕迹。

㊲ 平行度——产品的门、抽屉门、边框、线条或盖板等与框架的平行程度。

㊳ 质地——对某种材料的结构性质的称呼。

㊴ 虫蛀——材料中有蛀虫眼或尚有成虫继续侵蚀。

㊵ 腐朽——木材等含有纤维的物料，在长期的风吹雨打和微生物的侵害或破坏下表面变色腐烂的现象。

㊶ 树脂囊——某些树种纤维内含有一种油脂，成材后囊中的油脂还会继续向外渗出。

㊷ 节子——树木生长过程中，隐生在树干或主枝内部的活枝条或枯死枝条的茎部。

㊸ 斜纹——木材中的纵向倾斜纹理。斜纹与干材纵轴所构成的角度越大，则木材强度也降低得越多。

㊹ 啃头——零部件在刨、铣加工时，刀具切削木纤维时留下的缺陷，是产品雀裂、毛刺现象的主要原因之一。

㊺ 逆纹——零件在刨、铣加工时，刀具逆纹切削时留下的缺陷，是产品雀裂、毛刺现象的主要原因之一。

㊻ 破纹——零部件被旋转刀具加工后表面留下的有规律的起伏波纹。

㊼ 木毛——指单根纤维的一端仍与木材表面相连，另一端竖起或贴附在木材表面上。

㊽ 毛刺——指成束或成片的木纤维还没有与木材表面完全分离(产生的原因一般是刀具刃口不锋利)。

㊾ 横茬——木材或木块锯切横断面时留下的毛刺和痕迹，特征是不光滑。

㊿ 沟纹——木材表面木纹年轮之间条状的沉陷、收缩现象，出现这种情况一般是因为木材含水率过高。

(51) 离缝——零部件配合处的缝隙。

(52) 黑缝——产品部件表面、贴面拼缝处、实木包线结合处缝隙大于0.2mm，经涂饰后可见的黑缝。

(53) 钝棱——木材两边相邻处缺角的缺陷，一般出现在边皮材上。

(54) 裂缝——木材干燥过程中，因管孔强烈收缩，使木材表面或深度纵向纤维分裂开。

(55) 豁裂——零部件在机械加工时刀具刃不锋利，切削阻力过大，或逆纹切削使大片木纤维撕裂延伸到木材内的裂缝。

(56) 雀裂——零部件逆纹切削时致使成片的木纤维脱落或开裂的缺陷。

(57) 画墨——在构件上画出各种加工线条。

(58) 刹榫、锯榫——锯割榫头的纵向直线。

(59) 打眼、打卯子——即凿削榫眼。

(60) 榫头——指器物两分利用凹凸相接的凸出的部分。

(61) 榫舌——榫头一般由榫舌和榫肩两个部分组成，榫舌指插入榫眼的部分。

(62) 榫肩——榫头除榫舌部分外，出榫料断面与榫眼料接合的部分。

(63) 榫眼——即卯眼，指器物部件相连接时插入榫头的凹进部分。

(64) 落肩、锯肩——将中榫、双榫的一边，依横向齐肩线垂直于榫头锯割掉。

(65) 打锯——木器装配时，肩角的缝一面密和，一面开缝，用细齿锯将密合的一面锯出一条缝，再对紧使两面都密合。

⑥⑥ 打齐头——将板或仿料的超长、超宽部分按所画齐头线锯割掉。

⑥⑦ 推槽——在板料上用槽刨刨削出槽沟。

⑥⑧ 扇槽——将板面的反面边沿刨削成斜坡，使之能嵌入起窜、顺窜、压窜。木料因逆纹刨削而撕裂叫"起窜"。掉头顺纹刨削，避免起窜叫"顺窜"。用压铁增大刨刀切削角和用嵌口铁压住刨刀刃口木纹而阻止木纹起窜叫"压窜"。

⑥⑨ 抢肩、包肩——榫眼两侧或一侧不饱满或有斜坡时，锯割榫肩时根据榫眼侧边的不满或斜坡形状，在齐肩线以外留出一部分，以添平补缺，使肩面平齐。

⑦⑩ 送肩——特意在榫眼边沿处凿出缺口或刨出斜面，榫肩依样画线锯出，以填入缺口使榫眼相交处线条变化，利于美观。

⑦① 大角——即大于45°的角。

⑦② 键角——小于或等于45°的角。

⑦③ 放斜或放水——指坡度和斜度。

⑦④ 收绞、倒角——将板、杭料边棱刨去锋口。

⑦⑤ 对榫——通过斧头或锤子敲击，将榫头装配到榫眼内。

⑦⑥ 扣栓子——榫头对入榫眼后，在榫眼边沿钻孔，钉入竹钉等器物，将榫头卡紧。

⑦⑦ 过墨——将材料上一个平面上的墨线过引到其他平面上，也称过线榫。

⑦⑧ 吊墨——用尺和线坠在原木端面画垂直线，以及检查门框、立柱、柜子等物件安装的垂直程度。

⑦⑨ 直边——将一块毛坯板料刨削出一条标准直边。

⑧⑩ 刹料、散料、开料——将厚板纵向锯解成一定尺寸的材料。

⑧① 出材料——将木材的一个平面和相邻侧面刨削成相互垂直的基准面。

⑧② 搭尺、搁尺——一种曲尺，用来检验木料两相邻面是否垂直。

⑧③ 校纵——检查长方形或正方形的四角是否垂直，对角线是否相等。

㊻　拖线——在刨削出基准面的材料上，拖画出与基准直边平行的线。

㊺　母指勾——墨线前端拴的勾，据说这是鲁班的母亲发明的，所以叫"母指勾"。

㊼　妻挡——用木楔挡住待刨的木头，据说这个楔是鲁班的妻子发明的，所以叫"妻挡"。

㊽　墨齿——弹墨线、画墨，用牛角制造，类似于现在的铅笔。

第二章　手把手教你使用工具

一、手动工具的使用

1. 尺的使用

（1）直角尺

直角尺（图 2-1）是由一块金属叶片或比例尺固定在木制或钢制的底座中形成，主要用于测量和标记直角，同时也能用于检查两个平面是否垂直。经常用的直角尺很有可能会有松动或变形，所以一定要认真检查。

（2）直尺

直尺（图 2-2）也称为间尺，具有精确的直线棱边，用来测量长度和作图。家装木作施工中用来测量距离等。

（3）T 形尺

T 形尺（图 2-3），又称丁字尺，为一端有横档的"丁"字形直尺，由互相垂直的尺头和尺身构成，一般采用透明有机玻璃制作，在

木制底座

与底座呈90°

小贴士

　　检查直角尺的方式：用直角尺在一个平面上画一根线，而后翻转再同样画一根线，对比两条线是否平行

图 2-1　直角尺

小贴士

　　直尺最好选择不反光的，因为读数会相对容易且准确一些，直尺最好准备一长一短两种规格

图 2-2　直尺

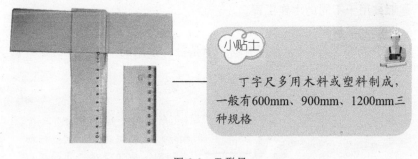

小贴士

　　丁字尺多用木料或塑料制成，一般有600mm、900mm、1200mm三种规格

图 2-3　T形尺

工程设计上常配合绘图板使用。丁字尺为画水平线和配合三角板作图的工具，一般可直接用于画平行线或用作三角板的支承物来画与直尺成各种角度的直线。

（4）角度尺

家装木作施工中使用最多的是活动角度尺（图 2-4），活动角度尺有一根能调节的尺条和一个木柄，用以测量和标记不同的角度。用机械结构定位，然后就能轻易地将同一角度转换到其他木料上。

> **小贴士**
>
> 将活动角度尺靠在木料的边缘，尺条放在木料上，再配合分角器即可获得精确的角度

图 2-4　活动角度尺

2. 锯的使用

锯是木工工作的最基本工具。在锯片的一侧会有一排交替并形成斜角的锯齿。锯子在切割木头时，锯齿会形成一个比锯片本身宽的槽缝或称"锯路"。形成的这个空间使锯片能够在木材中移动，防止"夹锯"的发生。

锯子有很多不同的类型，例如手板锯、夹背锯、弓锯等，这几种锯都被用于不同的木作工程。

（1）手板锯

手板锯（图 2-5）在所有锯子中是最为常用的一个类型。这种锯

> **小贴士**
>
> 所有的手板锯都会有一个相对较大的锯齿，用以进行初步切割。为了保证尺寸精确，一定要在弹好的墨线外进行切割，再使用刨子将剩余的部分刨平

图 2-5　手板锯

拥有一个非常长并且灵活的锯片，是一种理想的用来切割木板或面板的工具，同时也能用于劈开或横切硬木。

（2）夹背锯

夹背锯（图2-6）主要用于切割榫头，因锯背边上有用来支撑锯片切割的金属件而得名。这个重要的金属背脊能够使锯在锯木材时保持稳定，但是也会限制锯路的深度。

小贴士

夹背锯的锯齿要比手板锯小很多，因此切割时能够达到更好的截面效果，但要耗费更多的时间

图2-6 夹背锯

（3）弓锯

弓锯（图2-7）是木工常用的一种手锯，由锯弓和锯片组成，配钢锯条可以锯金属，配木工锯条可以锯木头，配线锯条可以锯曲线，是一种多用途的锯切工具。用来安装锯条的锯弓分为固定式和可调式两种。固定式锯弓在手柄端有一个装锯条的固定夹头，在前

小贴士

使用弓锯时先将弓锯的中间部分放在工件上，然后拉向自己。先轻微用力锯出一个小口，待锯口达到一定深度后，再发力进行正常锯切。弓锯并不是一种十分精确的锯，所以应将锯路保持在切割线的废料一侧

图2-7 弓锯

端有一个装锯条的活动夹头，固定夹头和活动夹头上均有一销，锯条就挂在两销上；调整式锯弓与固定式弓锯相反，装锯条的固定夹头在前端，活动夹头靠近捏手的一端。弓锯在使用时，握持舒适、安全、收折动作连贯，同时可收纳多片锯片，在更换和使用上极为方便。

3. 刨子的使用

刨子主要用来刨光、刨平、刨直或削薄木材。当刨子在木材表面进行推削时，刨子内斜置的刨刃制造出一个统一的平面。通过调整刨子内刨刃的设置可以调节刨花的厚度。最常见的刨子型号就是欧式手工刨，同时还有种类繁多的、有着不同功能的刨子，具体内容如下。

（1）欧式手工台刨

大多数欧式手工台刨（图2-8）会有一个固定角度为45°的刨刃，而刨刃底部则有一个面朝下的斜角。一些刨子的刨刃倾斜角度超过45°，主要用于刨刮硬木，而低角度刨主要用于刨削断面纹理。

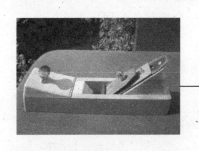

小贴士

欧式手工台刨的刨刀调节起来比较方便，适于各种刨刃厚度，前后把手的用力点与刨子前进方向一致，上手比较容易

图2-8　欧式手工台刨

（2）槽口刨

槽口刨（图2-9）的刨刃宽度与刨体凹槽相同，这种设计使得槽口刨能够全面触及凹槽或肩槽的平面。

槽口刨主要用于制作、清理和调整凹槽。一些槽口刨还会配有两个护栏，一个用来控制凹槽的宽度，而另一个用来控制深度

图 2-9　槽口刨

（3）肩刨

肩刨（图 2-10）的外形非常大，在刨刃底部的两侧形成标准角度，能够用于修整结合面的肩部。

肩刨有一个斜面朝上的低角度刨刃，用于修整肩接合的端部纹理

图 2-10　肩刨

（4）鸟刨

鸟刨（图 2-11）的底部非常短小，把手位于两侧。通过其在木料上的运行方式，可以刨出曲面或倒角。

鸟刨的使用方法：双手握住鸟刨的两端把手，向前推削。由于鸟刨底部非常短小，所以在推削时要稍微转动刨体，以确定刨刃始终与工件成同一角度

图 2-11　鸟刨

4. 凿子的使用

凿子可能是木工最为重要的切割工具。凿子由刀刃与凿柄组成，刀刃的一头削尖，另一头安装在凿柄中，可以用来凿切、顺木纹切割，清除大木料或进行修面。凿子的刀刃只有一面被磨锋利，通常斜面与直面之间呈 30°角。

（1）斜凿

斜凿（图 2-12）作为最常见的凿子，其名字源于刀刃两边自上而下的斜边。斜凿的刀刃由凿柄向刀锋形成一个斜角，与两侧为方形的凿子不同的是，其两边形成的斜面减少了面积，因此斜凿能够轻易地进入一些死角或接合面。

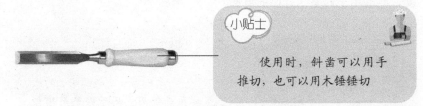

小贴士

使用时，斜凿可以用手推切，也可以用木锤锤切

图 2-12 斜凿

（2）扁凿

尽管扁凿（图 2-13）与斜凿看起来十分相似，但是其刀刃相比

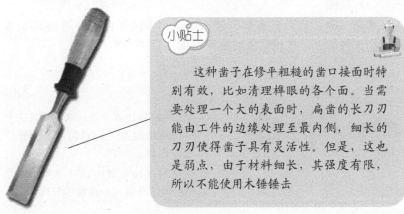

小贴士

这种凿子在修平粗糙的凿口接面时特别有效，比如清理榫眼的各个面。当需要处理一个大的表面时，扁凿的长刀刃能由工件的边缘处理至最内侧，细长的刀刃使得凿子具有灵活性。但是，这也是弱点，由于材料细长，其强度有限，所以不能使用木锤锤击

图 2-13 扁凿

斜凿更细且更长,主要用来修平木材表面或移除一些小木屑。

(3)榫眼凿

榫眼凿(图 2-14)的主要作用就是用来开榫眼。其有大截面的刀刃和粗大的凿柄,也就是说这种凿子可以承受反复的木锤锤击。有效的锤击能够减少锤击次数并保持刀刃面的锋利。

小贴士

榫眼凿的凿柄由橡木或角树材等硬木制作。有些凿子还会在凿柄顶部安装一个金属端头以防止凿柄破裂

图 2-14 榫眼凿

二、电动工具的使用

1. 钻孔机的使用

钻孔机是用于给螺丝及其他部件钻孔的基本工具。钻头的种类非常多,最为常见的为麻花钻头和平翼钻头。尽管在用手电钻(图 2-15)

小贴士

最常用的钻头有高速钢钻头、三尖钻和平翼钻头

手电钻的使用:为了确保所钻的孔是垂直进入木料的,可以放一个小直角尺在旁作为参照物。为了达到正确的钻孔深度,可以将遮蔽胶带缠绕贴在钻头上,以标记深度

图 2-15 手电钻

开孔后再使用电动螺丝刀拧螺丝非常方便，但是有一把手动的螺丝刀还是必要的。

2. 螺丝刀的使用

木工最常用的螺丝刀有一字螺丝刀（图 2-16）、十字螺丝刀（图 2-17）和电动螺丝刀（图 2-18）。

图 2-16　一字螺丝刀

小贴士

十字螺丝刀相对一字螺丝刀能够将螺丝更牢固地固定在工件上，所以被广泛用于大多数的工作中

图 2-17　十字螺丝刀

小贴士

一把短柄螺丝刀能够轻松地将螺丝拧紧，电动的螺丝刀则更轻松快速。使用与螺丝型号相匹配的螺丝刀能够避免螺丝损伤

图 2-18　电动螺丝刀

3. 手持电锯的使用

　　电锯已经越来越受木工们的喜欢了。在正确并安全的使用条件下，这种工具能大量节省人力。目前的手持电锯主要有两种：电圆锯（图 2-19）和曲线锯（图 2-20）。

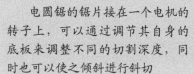

　　电圆锯的锯片接在一个电机的转子上，可以通过调节其自身的底板来调整不同的切割深度，同时也可以使之倾斜进行斜切

图 2-19　电圆锯

　　相比其他手持电锯，曲线锯的速度会比较慢，但非常适于切板或切割较薄的木料。由于曲线锯的锯片运动方式是上下移动，会有一个上下振动的轨道，这个切割的冲程运动同时也将切割时产生的木屑清理出去

图 2-20　曲线锯

4. 打磨机的使用

　　电动打磨机能够将平常的人工打磨变得快速而简单。常见的打磨机有圆盘打磨机（图 2-21）和砂带机（2-22）。

图 2-21　圆盘打磨机

图 2-22　砂带机

5. 钉枪的使用

钉枪（图 2-23）主要针对大规模的打钉任务，有瓦斯枪、气枪、电枪和手摇枪几类。钉枪是一种非常危险的工具，所以使用时务必要格外注意。在一些较薄的木料上使用时也需要注意，因为射出来的钉子很有可能会穿透工件。

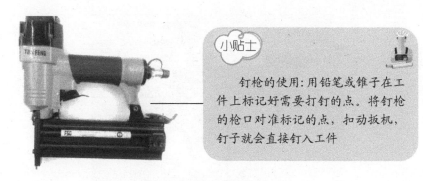

小贴士

钉枪的使用：用铅笔或锥子在工件上标记好需要打钉的点。将钉枪的枪口对准标记的点，扣动扳机，钉子就会直接钉入工件

图 2-23　钉枪

三、机械工具的使用

1. 台锯的使用

台锯（图 2-24）由一个切割台面和一个凸出台面的锯片组成，也是木工最重要的机械工具之一，主要用于开料和裁板，其型号主要根据锯片的差异而不同。标准锯片的直径为 250～450mm，越大的锯片其切割的厚度也就过大。尽管现在有一些台锯的台面使用了非常重的铸铁工艺，并且还能通过钢制折叠件折叠，但是现代台锯大多采用铝合金制造。现代台锯的基本组成包括一个用来引导工件的侧靠山和可升降倾斜的锯片。

2. 带锯的使用

带锯（图 2-25）是一种简单实用的切割机械，包含了两个（或三个）活动的锯轮和一个用以切割工件的台面。带锯可以完成台锯无法完成的任务，例如用来切割屋面板或者完成一些较深的直切。多数木工都会使用一些锯条较窄的带锯，但是同样也会有一些宽锯条可用于某些专用领域。

　　台锯的锯片也有许多不同规格，要根据不同切割要求选择正确的锯片。常用的切割作业可以使用通用锯片，这种锯片结合了劈切和横切齿牙的特点，能够胜任两种工作。如果为了精细切割，可以使用横切锯片或劈切锯片

　　锯片的保养：锯片要经常清理和打磨，以保证切割的效率。当手持或拆除锯片时要非常小心，因为其锯齿大多由碳钨合金制成，易碎

图 2-24　台锯

3. 平刨的使用

　　平刨（图 2-26）主要用来刨平和刨光木料的面和边，将两边的平面刨成平行。这些被简单处理的木料能够用来进行后续的工作。

4. 压刨的使用

　　制作家具和木料接合时对木料的平整度都有严格的要求，压刨（图 2-27）能制作出平整方正的木料截面。

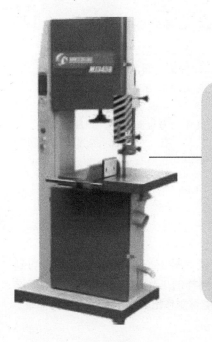

小贴士

使用带锯切割曲线：带锯非常适合用来切割曲线。首先，使用一条尽可能宽的锯条，将其拉紧，用一块废木料来做引导。然后在需要切割的曲面外缘先切出一系列与曲面垂直的切口，这些切口将减少工件与锯条之间的拉力。如果需要在板材上切出圆孔形状，则还是使用曲线锯比较方便

图 2-25 带锯

小贴士

平刨的使用：松开进料台面，调节刨削深度，然后重新锁定台面。将木料在平刨上多次刨削才能取得一个平整的光面。切勿将短于450mm的料放在平刨上刨削，因短于这个长度的料不仅难以刨削，而且十分危险

图 2-26 平刨

小贴士

压刨的使用：首先设置压刨的高度到预期的厚度，然后确保进料轴与齿轮轴相连。平稳地将工件从机器左侧送入，并保持其平面与台面平整。一旦进料轴"抓"住工件，松手让其自行送料并从出料口出料

图 2-27 压刨

5. 开榫机的使用

开榫机分为台式（图 2-28）和立式（图 2-29）两种，主要用来切割榫眼。当然也可以使用其他工具来做同样的工作，例如台钻。相对来说开榫机在开榫眼方面更为实用，因其能够制作出非常干净、方正的榫眼。

小贴士

台式开榫机主要用于制作非常小的榫眼，榫眼直径约为16mm。一些台式开榫机还会有一个可调节的头部，可在木材上开不同角度的榫眼

图 2-28 台式开榫机

小贴士

立式开榫机能够独立放置在一个地方，其尺寸较大，可以用来钻切较大的榫眼，榫眼最大直径可达到25mm。同时其台面也非常适合用来做大量的纵切和斜切工作

图 2-29　立式开榫机

6. 台钻的使用

台钻（图 2-30）是木工工作时相当重要的工具。尽管有许多方法可以在木料上钻出一个孔来，例如使用手钻或手电钻，但是有时需要制作出非常精确的孔，特别是要钻一些大尺寸的、有特殊角度的孔时，就必须用到台钻了。台钻有一个可移动的钻柱，可以安装不同尺寸的钻头，钻出不同深度的孔。

小贴士

台钻的使用：根据钻孔的材料和钻头的大小来调整转速。通过改变传动皮带和不同位置的齿轮的连接来改变转速，为了检查台面是否与钻头垂直，可以将足够长的圆棒插入夹口处并穿过台面，以检查其角度。不过要记住，在进行任何调整前，都要将电源切断

图 2-30　台钻

第三章 手把手教你正确选择木料

一、常用木材的种类

树木的种类很多，按树叶形状的不同，主要可分为两大类：针叶树和阔叶树。

针叶树的叶子为针状或鳞片状，树干一般挺直高大，没有明显的孔隙构造，纹理较平淡，材质较软，加工性能好，故又称软木。

阔叶树的叶子为大小不同的片状，树干一般没有针叶树直，加工后纹理美观，质硬耐磨，故又称硬木。

1. 针叶树的性能

针叶树的性能见表3-1。

表 3-1 针叶树的性能

名称	特性	用途	图片
红松	又名东北松、海松、果松,产于东北长白山、小兴安岭,树皮灰红褐色,皮沟不深,鳞状开裂,内皮浅驼色。芯材、边材区别明显,材边黄褐或黄白。芯材红褐色,年轮明晰均匀。材质较软,纹理顺直,结构中等,加工性能良好,不易翘曲、开裂、耐腐蚀	用于制作门窗、地板、屋架、檩条、格栅等	
鱼鳞云杉	又名鱼鳞松、白松,产于东北小兴安岭、长白山。树皮灰褐色至暗棕褐色,多呈鱼鳞状剥层,木材淡赤色,芯边材区别不明显,年轮分界明显、整齐。材质中硬,纹理顺直,结构细而均匀,易干燥,富弹性,加工性能好,抗弯性能极好	用作屋架、檩条、格栅、门窗、模板、家具等	
马尾松	又名本松、山松,产地分布极广。外皮深红褐色微灰,内皮枣红色微黄,边材浅黄褐色,芯材深黄褐色至红,芯材、边材区别略明显,年轮极明显。材质中硬,纹理直斜不均,结构中至粗,多松脂,干燥时有翘裂倾向,不耐腐,易受白蚁危害	用作小屋架、模板、屋面板等	
落叶松	又名黄花松,产于东北大、小兴安岭及长白山。树皮暗灰色,内皮淡肉红色,边材黄白微带褐色,芯材黄褐至深褐色,芯材、边材区别明显,早、晚材硬度及收缩差异均大,年轮分界明显、整齐。材质硬,纹理直,结构粗,难于干燥,易开裂变形,不易加工,耐腐朽	用作格栅、小跨度屋架、支撑、木桩、屋面板等	
杉木	又名沙木、沙树,产于长江流域以南各省区。树皮灰褐色,内皮红褐色,边材浅黄褐色,芯材浅红褐色至暗红褐色,芯材、边材区别明显,年轮较明显、均匀。材质软,纹理直而匀,结构中等或粗,易干燥,易加工,耐久性强	用作门窗、屋架、地板、格栅、檩条、屋面板、模板等	

续表

名称	特性	用途	图片
柏木	又名柏树,产于长江流域以南各省区。树皮暗红褐色,边材黄褐色,芯材淡橘黄色,芯材、边材区别稍明显,年轮不明显。材质致密,纹理直或斜,结构细,易加工,切削面光滑,干燥易开裂,耐久性强	用作门窗、胶合板、屋面板、模板及细木装饰等	

2. 阔叶树的性能

阔叶树的性能见表3-2。

表3-2　阔叶树的性能

名称	特性	图片
毛白杨 (大叶杨、白杨)	主要产地是华北、西北、华东。主要特征是树皮暗青灰色,平滑,有棱形凹痕;年轮明显;木材浅黄色,髓心周围因腐朽常呈红褐色;材质轻柔,纹理直,结构细而密;容易干燥,不翘曲,但耐久性差;加工困难,锯解时易发生夹锯现象;旋刨困难,切面发毛;胶接和涂装性能较好	
核桃楸 (楸木、胡桃楸)	主要产地是东北、河北和河南。主要特征是树皮暗灰褐色,平滑,交叉纵裂,裂沟棱形;芯材、边材区别明显,芯材淡灰褐色稍带紫,年轮明显;木材重量及硬度中等,结构略粗;颜色花纹美丽;强度中等,富有韧性;干öllig燥不易翘曲,耐磨性强;加工性能良好,胶接、涂饰、着色性等都较好	
白桦(桦)	主要产地是东北各省。主要特征是外皮表面平滑,粉白色并带有白粉;老龄时灰白色,成片状剥落,表面有横生纺锤形或线形皮孔;芯材、边材区别不明显,年轮略明显;木材略重而硬,结构细,强度大,富弹性;干燥过程中易干裂及翘曲;加工性能良好,切削面光滑;不耐腐;涂饰性能良好	

续表

名称	特性	图片
紫椴（椴木）	主要产地是东北、山东、山西、河北。主要特征是树皮土黄色，一般平滑，纵裂，裂沟浅，表面单层翘离，内皮粉黄色，芯材、边材区别不明显，材色黄白略带淡褐；年轮较明显；木材略轻软，纹理通直，结构略细，有绢丝光泽；加工性能良好，切削面光滑；干燥时稍有翘曲，但不易开裂；不耐腐；着色、涂饰、胶接性能良好	
水曲柳	主要产地是东北、内蒙古等。主要特征是树皮灰白微黄，皮沟纺锤形；内皮淡黄色，味苦；芯材、边材区别明显，边材窄、黄白色，芯材褐色略黄；年轮明显；材质略重而硬，纹理直，花纹美丽，结构粗；干燥性能不甚良好，耐腐耐水性好；易加工，韧性大；着色、涂饰、胶接等较容易	
东北榆（山榆）	主要产地是东北、河北、山东、江苏、浙江等。主要特征是树皮淡灰褐色，老龄木灰白色，芯材暗紫灰褐色；年轮明显；木射线细；纹理直，结构粗，花纹美丽；干燥性能不好；易开裂和翘曲；加工性能良好，易弯曲；涂饰和胶接容易；湿材有特殊臭味	
柞木（蒙古栎、橡木）	主要产地是东北各省。主要特征是外皮厚，黑褐色，龟裂，内皮淡褐色；芯材、边材区分明显，边材淡黄白带褐色，芯材褐色至暗褐色，有时带黄色；年轮明显，略呈波浪状；木材重硬，纹理直或斜，结构较麻栎致密；加工困难，但切面光滑，耐磨损；胶接不容易；着色、涂饰性能良好	
麻栎（橡树）	主要产地是北起辽宁，南至广东等省区。主要特征是外皮暗灰色，皮厚而粗糙，坚硬，内皮米黄色；芯材红褐色至暗红褐色；年轮明显；材质坚硬，纹理直而斜，结构粗，强度高，耐磨；加工困难，不易干燥，易发生径裂和翘曲；涂饰性能尚好	

名称	特性	图片
黄菠萝 (黄柏)	主要产地是东北。主要特征是边材淡黄褐色，芯材灰褐色，微红；材质略软，纹理直，结构粗；花纹美丽，干燥容易，干缩性小，不易翘曲；着色、涂饰、胶接性能均好	
樟木 (香樟)	主要产地是长江流域以南。主要特征是树皮黄褐色略带暗灰，柔软；有明显的樟脑气息；芯材红褐色；年轮明显；纹理交错，结构细；切削光滑，有光泽，涂饰后色泽美丽，干燥后不易变形；耐久性强；胶接性能良好	

二、胶合板的正确选择

1. 胶合板的制作方式

　　胶合板（图 3-1）是由一定层数的薄木片，经胶合制成的木板。具体生产过程是先将粗大的原木锯成一定长度的木段，放在热水槽中浸泡数小时，使木质软化后取出，去除树皮，再用旋刀机切成大张的薄木板（单板）、薄片再经切选、干燥处理后，用刷胶机上胶，使薄片按纤维方向互相垂直，并以单数（三、五、七、九层不等，最常用的是三层或五层，即三夹板、五夹板）重叠后，在常温或加温下加压力，使其胶合及干燥，最后经切边和砂光即成。

2. 胶合板的优点和等级

　　制造胶合板常用的木材有椴、杨、桦、榆、柳等。所用的胶有各种动物胶（如血胶、酪胶等）、植物胶（如大豆胶）、化学合成胶（如酚醛树脂胶）。动植物胶都不耐水，而酚醛树脂胶可以制造成耐水的胶合板。胶合板的等级列于表 3-3，其优点如下。

　　胶合板的幅面尺寸有：长度为915mm、1220mm、1525mm、1830mm、2185mm、2440mm等几种；宽度则分为915mm、1220mm、1525mm等几种

图 3-1　胶合板

　　① 可以制成大张无缝无节的木板，并可用较好的木材为表面层。

　　② 由于各层的单板互相垂直，各方向的收缩率小，且收缩均匀，各方向的强度大致相同。

　　③ 胶合板能充分利用木材，较普通木板能节约木料30％以上。

　　胶合板可用作隔墙板、天花板、家具、门芯板和各种装修零件。耐水的胶合板可以作混凝土的模板。

表 3-3　胶合板的等级

类别	性能	胶的类型	适用范围
一类胶合板	具有耐久、耐煮沸或蒸汽处理和抗菌等性能，是由酚醛树脂胶或其他性能相当的胶黏剂胶合而成的	酚醛树脂胶或其他性能相当的胶黏剂	适用于要求耐水性良好的木制品构件上

续表

类别	性能	胶的类型	适用范围
二类胶合板	能在冷水中浸渍，能经受短时间热水浸渍，并具有抗菌等性能，不耐煮沸	脲醛树脂胶或其他性能相当的胶黏剂	适用于家具制造及室内装修等，也可用于其他室内用途的木制品上
三类胶合板	能耐短时间冷水浸渍	低树脂含量的脲醛树脂胶、血胶或性能相当的胶黏剂	适用于家具制造以及其他室内用途的木制品上
四类胶合板	具有一定的胶合强度	豆胶或其他性能相当的胶黏剂	主要用于包装及一般室内用途的木制品上

注：以上四类胶合板中，二类胶合板为常用胶合板，一类胶合板次之，而三、四类胶合板极少使用。

3. 胶合板的质量鉴别

① 胶合板要木纹清晰，正反面有所区别。正面光洁平滑，不毛糙，要平整无滞手感。

② 胶合板不应有破损、碰伤、硬伤、节疤等疵点。长度在15mm之内的树脂囊、黑色灰皮每平方米要少于 4 个；长度在150mm、宽度在 10mm 的树脂漏每平方米要少于 4 条；角质节（活节）的数量要少于 5 个，且面积小于 $15mm^2$；没有密集的发丝干裂现象以及超过 $200mm \times 0.5mm$ 的裂缝。

③ 胶合板应平整、均匀、无弯曲起翘。双手提起胶合板一侧，能感受到板材是否平整、均匀，有无弯曲起翘的张力。

④ 个别胶合板是将两个不同纹路的单板贴在一起制成的，所以要注意胶合板拼缝处是否严密，是否有高低不平的现象。

⑤ 要注意已经散胶的胶合板。如果手敲胶合板各部位时，声音发脆，则证明质量良好。若声音发闷，则表示胶合板已出现散胶现象。或用一根长 50cm 左右的木棒，将胶合板提起轻轻敲打各部位，声音匀称、清脆的基本上是上等板；如发出"壳壳"的哑声，就很可

能有因脱胶或鼓泡等引起的内在质量问题。这种板只能当衬里板或顶底板用，不能作为面料。

⑥ 胶合板应没有明显的变色及色差，颜色统一，纹理一致。注意是否有腐朽变质现象。

⑦ 挑选时，要注意木材色泽与家具油漆颜色相协调。一般水曲柳、椴木夹板为淡黄色，莘荠色家具都可使用，但柳桉夹板有深浅之分，浅色涂饰没有什么问题，但深色的只可制作莘荠色家具，而不宜制作淡黄色家具，否则家具色泽发暗。尽管深色板可用氨水洗一下，但处理后效果不够理想，家具使用数年后，色泽仍会变色发深。

⑧ 胶合板的甲醛含量应不大于 $0.124\mathrm{mg/m^3}$ 时才可直接用于室内。

三、纤维板的正确选择

纤维板（图 3-2）是由木质纤维素纤维交织成型并利用其固有的

小贴士

一般硬质纤维板主要有3mm、4mm、5mm三种规格。

常用幅面尺寸：610mm×1200mm、915mm×1830mm、15mm×2135mm、1220mm×1830mm、1220mm×2440mm、1220mm×3050mm

图 3-2　纤维板

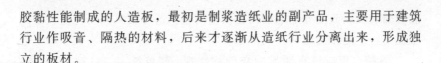

胶黏性能制成的人造板，最初是制浆造纸业的副产品，主要用于建筑行业作吸音、隔热的材料，后来才逐渐从造纸行业分离出来，形成独立的板材。

1. 纤维板按生产方式分类

纤维板按生产方式的分类，见表3-4。

表 3-4　纤维板按生产方式的分类

名称	具体内容
湿法纤维板	在整个生产过程中，原料均为湿性状态，并在制板工序以前加入大量的稀释水,使原料的含水量很高,故称湿法
干法纤维法	在整个生产过程中,尽量使原料保持很低的含水量,特别在制板成型时,原料的含水率很低(基本上是干纤维),故称干法。由于不需垫网板脱水,所以产品为两面光板。干法纤维板的耐水性和强度不如湿法纤维板,且在生产中需要用一定量的胶黏剂,产品成本较高
半干法纤维板	生产工艺和板的性能均介于湿法和干法之间

2. 纤维板按处理方式分类

① 特硬质：施加增强剂或浸油处理。
② 普通硬质：无特殊加工处理。

3. 纤维板按密度进行分类

纤维板按密度的分类见表3-5。

表 3-5　纤维板按密度的分类

名称	具体内容
硬质纤维板	密度在 0.8g/cm³ 以上
半硬质纤维板	密度为 0.5~0.7g/cm³
软质纤维板	密度在 0.4g/cm³ 以下

4.纤维板的质量鉴别

① 纤维板应厚度均匀，板面平整、光滑，没有污渍、水渍、胶迹。

② 四周板面细密、结实、不起毛边。

③ 注意吸水厚度膨胀率。不合格的产品将在使用中出现受潮变形甚至松脱等现象，使其抵抗受潮变形的能力减弱。

④ 用手敲击板面，声音清脆悦耳、均匀的纤维板质量较好。声音发闷，则可能发生了散胶问题。

⑤ 注意甲醛释放量是否超标。纤维板生产中普遍使用的胶黏剂是以甲醛为原料生产的，这种胶黏剂中总会残留有反应不完全的游离甲醛，这就是纤维板产品中甲醛释放的主要来源。甲醛对人体黏膜，特别是呼吸系统具有强刺激性，会影响人体健康。

⑥ 找一颗钉子在纤维板上钉几下，看其握螺钉力如何，如果握螺钉力不好，在使用中会出现结构松脱等现象。

⑦ 拿一块纤维板的样板，用手用力掰或用脚踩，以此来检验纤维板的承载受力和抵抗受力变形的能力。

四、刨花板的正确选择

凡是利用木材加工废料、小径木、采伐剩余物或其他植物秸秆等为原料，经过机械加工成一定规则形状的刨花，然后施加一定数量的胶黏剂和添加剂（防水剂、防火剂），经机械或气流铺装成板坯，最后在一定温度和压力下制成的人造板，称为刨花板（图 3-3）。

1.刨花板按密度分类

刨花板按密度的分类见表 3-7。

刨花板的厚度规格很多，从1.6mm到75mm都有，比较常用的有13mm、16mm和19mm三种，刨花板的幅面规格见表3-6

图 3-3　刨花板

表 3-6　刨花板的规格

宽度/mm	长度/mm			
915	1220	1830	2135	2440
1220	1830	2135	2440	—

表 3-7　刨花板按密度的分类

名称	主要内容
高密度刨花板	又称高密度板,密度为 800~1200kg/m³
中密度刨花板	又称中密度板,密度为 400~800kg/m³
低密度刨花板	又称低密度板,密度为 250~400kg/m³

一般来说，低密度的刨花板强度低，绝缘性能好，生产成本也低；高密度的刨花板强度大，绝缘性能差，生产成本高。目前，中密度的刨花板应用普遍，发展较快。

2. 刨花板按制造方法分类

（1）平压法刨花板

刨花板的板坯平铺在板面上，所加的压力垂直于刨花板平面

（图 3-4）。

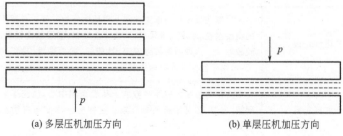

(a) 多层压机加压方向　　　　　　(b) 单层压机加压方向

图 3-4　平压法

（2）辊压法刨花板

刨花也是平铺在板面上，板坯在钢带上前进，然后经过回转的压辊压制而成，这种方法适宜生产 1.6～6mm 厚的特薄型刨花板（图 3-5）。

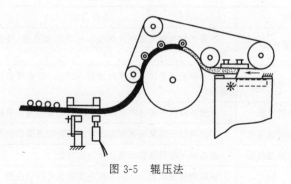

图 3-5　辊压法

3. 刨花板按结构分类

刨花板按结构的分类见表 3-8。

表 3-8　刨花板按结构的分类

名称	主要内容
单层刨花板	单层刨花板在板的厚度方向上，刨花板形状和大小完全一样，施胶量也完全相同。这种刨花板的表面比较粗糙，不宜制作高级木制品

名称	主要内容
三层刨花板	三层刨花板在板的厚度方向上明显地分为三层。表层用较细的微型刨花、木质纤维铺成,且施胶量较多;芯层刨花较粗,且施胶量较少。这种刨花板强度高、性能好、表面平滑,易于装饰加工,可用于制作较高级的木制品
渐变刨花板	渐变刨花板在板的厚度方向上从表面到中心,刨花逐渐由细到粗,表层、芯层没有明显界限。这种板的性能与三层刨花板相似

4.刨花板按表面装饰分类

刨花板按表面装饰的分类见表3-9。

表3-9　刨花板按表面装饰的分类

名称	主要内容
不磨光刨花板	不磨光刨花板是直接从热压机出来的刨花板,表面不做任何加工
磨光刨花板	磨光刨花板是从热压机出来后,经过一面或两面磨光处理的刨花板
单板贴面刨花板	在刨花板的一面或两面胶贴一层旋制或刨制的单板
合成树脂饰面刨花板	用浸渍过三聚氰胺等树脂的装饰纸装饰表面的刨花板
塑料薄膜饰面刨花板	用乙烯类塑料薄膜装饰表面的刨花板
印刷刨花板	在刨花板表面直接印刷木纹或各种图案的刨花板

5.刨花板按用胶分类

刨花板按用胶的分类见表3-10。

表3-10　刨花板按用胶的分类

名称	主要内容
蛋白胶刨花板	在生产过程用蛋白胶作胶黏剂。这种板的强度较高,生产成本低,但耐水、耐腐蚀性能较差

名称	主要内容
酚醛树脂胶刨花板	在生产过程中用酚醛树脂胶作胶黏剂。这种板的强度高,耐水、耐腐蚀性能好,但板面颜色较深,生产成本较高
脲醛树脂胶刨花板	在生产过程中用脲醛树脂胶作胶黏剂。这种板的强度较高,耐水、耐腐蚀性能一般,板面颜色浅淡适宜

6. 刨花板的质量鉴别

① 注意厚度是否均匀,板面是否平整、光滑,有无污渍、水渍、胶渍等。

② 刨花板的长、宽、厚尺寸公差。国标有严格规定,长度与宽度只允许正公差,不允许负公差。而厚度允许偏差,则根据板面平整光滑的砂光产品与表面毛糙的未砂光产品二类而定。经砂光的产品,质量高,板的厚薄公差较均匀。未砂光产品精度稍差,在同一块板材中各处厚、薄公差较不均匀。

③ 注意检查游离甲醛含量,国家规定刨花板中的甲醛含量不得大于 $0.124\mathrm{mg/m}^3$。随便拿起一块刨花板的样板,用鼻子闻一闻,如果板中带有强烈的刺激味,这显然是超过了标准要求,尽量不要选择。

④ 刨花板中不允许有单个面积大于 $40\mathrm{mm}^2$ 的胶斑、石蜡斑、油污斑等污染点,不得有边角残损等缺陷。

五、细木工板的正确选择

细木工板(图 3-6)又称为大芯板、木芯板,它是利用天然旋切单板与实木拼板经涂胶、热压而成的板材。细木工板握钉力好,强度高,具有质坚、吸声、绝热等特点,施工简便。其竖向(以芯材走向区分)抗弯压强度差,但横向抗弯压强度较高。细木工板虽然比实木板材稳定性强,但怕潮湿,施工中应注意避免用在厨卫空间。

细木工板的幅面尺寸：宽度为1220mm，长度为2440mm，厚度有12mm、15mm、17mm、20mm四种，其中15mm与17mm是较为常用的厚度

图 3-6   细木工板

1. 细木工板按加工工艺分类

细木工板按加工工艺的分类见表 3-11。

表 3-11   细木工板按加工工艺的分类

名称	主要内容
手工板	是用人工将木条镶入夹层之中，这种板握钉力差、缝隙大，不宜锯切加工，一般只能整张使用，如做实木地板的垫层等
机制板	质量优于手工板，质地密实，夹层树种握钉力强，可做各种家具。但有些小厂家生产的机制板板内孔洞多，粘接不牢固，质量很差

2. 细木工板按结构分类

细木工板按结构的分类见表 3-12。

表 3-12　细木工板按结构的分类

名称	主要内容
三层细木工板	在板芯的两个大表面各粘贴一层单板制成的细木工板。这种细木工板强度不高,不宜制作高级木制品
五层细木工板	在板芯的两个大表面上各粘贴两层单板制成的细木工板。这种细木工板的强度高、性能好,易于装饰加工,可用于制作较高级的木制品,是比较常用的类型
多层细木工板	在板芯的两个大表面各粘贴两层以上层数单板制成的细木工板。其性能与五层细木工板相似

3. 细木工板按表面装饰分类

细木工板按表面加工情况的分类见表 3-13。

表 3-13　细木工板按表面加工情况的分类

名称	主要内容
单面砂光细木工板	仅对一侧的表面板材做砂光处理的细木工板
双面砂光细木工板	对两侧的表面板材均做砂光处理的细木工板
不砂光细木工板	不对表面的板材做任何加工的细木工板

4. 细木工板按板芯拼接状况分类

细木工板按板芯拼接状况的分类见表 3-14。

表 3-14　细木工板按板芯拼接状况的分类

名称	主要内容
胶拼板芯细木工板	用胶黏剂将芯条胶黏组合成板芯制成的细木工板
非胶拼板芯细木工板	不用胶黏剂将芯条组合成板芯制成的细木工板

5. 细木工板的质量鉴别

① 细木工板的质量等级分为优等品、一等品和合格品,细木工板出厂前,应在每张板背右下角加盖不褪色的油墨标记,表明产品的

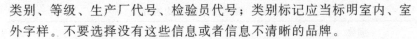

类别、等级、生产厂代号、检验员代号；类别标记应当标明室内、室外字样。不要选择没有这些信息或者信息不清晰的品牌。

② 外观检查，挑选表面平整，节疤、起皮少的板材；观察板面是否有起翘、弯曲，有无鼓包、凹陷等；观察板材周边有无补胶、补腻子现象。查看芯条排列是否均匀整齐，缝隙越小越好。板芯的宽度不能超过厚度的 2.5 倍，否则容易变形。

③ 用手触摸，展开手掌，轻轻平抚木芯板板面，如感觉到有毛刺扎手，则表明质量不高。

④ 用双手将细木工板一侧抬起，上下抖动，倾听是否有木料拉伸断裂的声音，如有则说明内部缝隙较大，孔洞较多。优质的细木工板应有一种整体感、厚重感。

⑤ 从侧面拦腰锯开后，观察板芯的木材质量是否均匀整齐，有无腐朽、断裂、虫孔等，实木条之间缝隙是否较大。

⑥ 将鼻子贴近细木工板剖开的截面处，闻一闻是否有强烈刺激性气味。如果细木工板散发清香的木材气味，说明甲醛释放量较少；如果气味刺鼻，说明甲醛释放量较多。

⑦ 向商家索取细木工板检测报告和质量检验合格证等文件，细木工板的甲醛含量应≤0.124mg/m^3，才可直接用于室内。

六、三聚氰胺板的正确选择

三聚氰胺板（图 3-7）全称是三聚氰胺浸渍胶膜纸饰面人造板，又叫做双饰面板、免漆板、生态板等。它的基材多为刨花板、中密度纤维板、多层板和细木工板等，表面为带有不同颜色或纹理的纸。常用于室内建筑及各种家具、橱柜、墙面的饰面装饰。可以任意仿制各种图案，色泽鲜明，硬度大，耐磨，耐热性好；但封边易崩边、不能锣花，只能直封边。

1. 三聚氰胺板按内部结构形态分类

三聚氰胺板按内部结构形态的分类见表 3-15。

 小贴士

　　三聚氰胺板的幅面尺寸：1220mm×2440mm、915mm×2440mm、915mm×2135mm，厚度为6～18mm

图 3-7　三聚氰胺板

表 3-15　三聚氰胺板按内部结构形态的分类

名称	主要内容	图片
三聚氰胺颗粒板	三聚氰胺颗粒板的基材是将木料打成颗粒和木屑，经重新定向排列、热压、胶干形成；颗粒板强度大、吸钉能力强	
三聚氰胺密度板	三聚氰胺密度板的基材是将木料打成锯末，经重新定向排列、热压、胶干形成；各方面性能比颗粒板略差一些	

2. 三聚氰胺板的质量鉴别

　　① 先挑厂家，在挑厂家时要看清楚板材上的厂家的名称、生产厂址、商标是否都齐全，字体是否清晰。

②　观察板材表面，看看是否光滑、有没有毛刺沟壑、有无透胶现象，板面有没有局部的发黄现象等。

③　观察板材侧面，是否出现透胶现象，如果没有此状况，代表胶合性能优越。

④　在选购时可以靠气味来判断是否含大量的甲醛，气味越重越刺鼻，说明甲醛含量越高，对空气造成的污染也比较严重，对人体的危害越大。

七、实木指接板的正确选择

实木指接板（图3-8）由多块木板拼接而成，上下不再粘夹板，由于竖向木板间采用锯齿状接口，类似两手手指交叉对接，故称指接板。其用途与细木工板类似，但指接板的表面可贴装饰面直接做

实木指接板的幅面尺寸：宽度1220mm，长度2440mm，厚度一般常见为9mm、12mm、14mm、15mm、16mm、18mm等，最厚的有25mm

图3-8　实木指接板

饰面使用。它属于实木类产品，因此在耐用性和可用性上面都比较强，另外指接板的表面通常采用清水漆刷漆，环保效果相对更佳，相对于木工来说，不需要再粘夹板，胶水用得比较少，也比较环保。

1. 实木指接板按表面效果分类

实木指接板按表面效果的分类见表 3-16。

表 3-16　实木指接板按表面效果的分类

名称	主要内容	图片
有节指接板	拼接短木条会有树节，美观度要差些。不过在有些家具上，用相同规格的指接板做出均匀的疤痕效果，也是一种装饰	
无节指接板	在选材方面经过精挑细选，把无树节的木方挑选出来制作指接板，看起来比较美观	

2. 指接板按照拼接板材的木材种类分类

指接板按照拼接板材的木材种类分类，常见的有以下几种：杉木指接板、橡胶木指接板、橡木指接板、松木指接板、樟子松指接板、香樟指接板、桐木指接板、榉木指接板等。

3. 实木指接板按制作工艺分类

实木指接板按制作工艺的分类见表 3-17。

表 3-17　实木指接板按制作工艺的分类

名称	主要内容	图片
明齿指接板	明齿的指接板在板材表面可以看到相接处的"齿",在上漆后较容易出现不平现象	
暗齿指接板	暗齿的指接板在板材表面看不到相接处的"齿",性能要好于明齿指接板,但暗齿指接板的加工难度要大些	

4. 实木指接板按按承载情况分类

实木指接板按承载情况的分类见表 3-18。

表 3-18　实木指接板按承载情况的分类

名称	主要内容
结构用指接板	承载构件,它要求指接板具有足够的强度和刚度。主要用于体育馆、音乐厅、厂房、仓库等建筑物的木结构梁,其中三铰拱梁应用最为普遍,这是在以前的木结构中无法实现的
非结构用指接板	非承载构件,也就是大家装修中常用的指接板。主要作为家具和室内装修用材,如室内门、窗、柜的横梁,立柱,装饰柱,楼梯扶手,椅类支架,扶手,靠背,沙发,茶几等弯曲部件,及装饰条等材料

5. 实木指接板的质量鉴别

①　看板材上的厂家的名称、生产厂址、商标是否都齐全,字体是否清晰。

②　观察板材表面,看看是否光滑、有没有毛刺沟壑、有无透胶现象,板面有没有局部的发黄现象等。

③　看芯材的年轮,一般来讲年轮越明显,树龄越大,所制作的指接板材质也就越好。

④　指接板是由实木短板条拼接而成的,板条越大越好,不宜

过碎。

⑤ 指接板各板条间通过胶黏剂连接在一起，板材的胶合强度对指接板的质量有重要影响。各板条间的拼接缝隙要小，无缺胶、脱胶现象。

⑥ 指接板最大的缺陷是容易变形，干缩湿胀过程的内应力变化易导致变形。所以指接板含水率达标很重要，手心摸上去应无冰凉感。

八、塑料装饰板的正确选择

塑料装饰板（图 3-9）又称塑料贴面板，是将经过浸胶的表层纸、装饰纸、覆盖纸、底层纸，顺序叠放在一起经热压塑化而成的一种薄型板材。表层、装饰层使用的是氨基树脂，基层使用的是酚醛树脂，所以表面坚硬、耐磨损、耐热。这种板材耐水性能好，密度大，尺寸稳定性好，能耐一般酸、碱、油脂及酒精的腐蚀。装饰板具有韧性，可以弯曲成一定弧度，便于曲面的装饰，并易于与其他材料胶贴。

在制造过程中可以仿制各种人造材料和天然材料的花纹图案，如桃花心木、花梨木、水曲柳、大理石、孔雀石、橘皮、皮革、纤维织

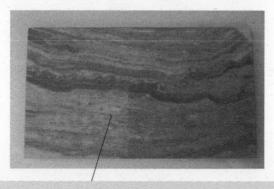

塑料板装饰的幅面尺寸：长度为1000mm、1830mm等数种；宽度有800mm、915mm、1220mm等数种；厚度为 0.8～1mm

图 3-9　塑料装饰板

物等纹理或设计其他不同图案，花纹美丽而光滑，能抵抗水烫及酸碱的侵蚀。用覆面的方法装饰在木材、胶合板面上，可以代替打底色和油漆，并能改变板面的色泽与缺陷，加强被贴板的强度，提高木制品的质量和装饰效果。

九、防火板的正确选择

1.防火板的特点

防火板（图 3-10）又名耐火板，是原纸（钛粉纸、牛皮纸）经过三聚氰胺与酚醛树脂的浸渍工艺，经过高温高压制成的用作表面装饰的耐火建材。它的颜色比较鲜艳，封边形式多样，具有耐磨、耐高温、耐刮、抗渗透、容易清洁、防潮、不褪色、触感细腻、价格实惠等特点，但无法创造凹凸、金属等立体效果，时尚感稍差。在装修中，所谓的"防火板"常指将防火板贴于刨花板、密度板表面形成的

标准防火板的规格为1220mm×2440mm，厚度常见的有0.8mm、1mm和1.2mm

图 3-10　防火板

复合板材，常用作橱柜面板。

2. 防火板的质量鉴别

① 质量佳的防火板图案清晰透彻、效果逼真、立体感强，没有色差。

② 好的防火板表面平整光滑、耐磨。

③ 防火板橱柜门板的基材甲醛含量不超标，断面无缝隙，板材无变形现象。

④ 若防火板色泽不均匀、易碎裂爆口、花色简单，多为劣质产品。

十、薄木贴面板的正确选择

薄木贴面板（图 3-11），全称装饰单板贴面胶合板，它是将天然

　　天然木的木皮厚度：1.2mm、1.5mm、1.8mm、2.0mm、2.7mm、3mm、3.6mm等；科技木的木皮厚度：1.8mm、2.7mm、3mm、3.6mm等；面板常见幅面尺寸：1220mm×2440mm

图 3-11　薄木贴面板

木材或科技木刨切成一定厚度的薄片，黏附于胶合板表面，然后热压而成的一种用于室内装修或家具制造的表面材料。既具有木材的优美花纹，又充分利用了木材资源，节约能源并降低了成本。

1. 薄木贴面板按木皮来源分类

薄木贴面板按木皮来源的分类，见表 3-19。

表 3-19   薄木贴面板按木皮来源的分类

名称	主要内容	图片
天然木贴面板	以实木为原料刨切为薄片而成的木饰面，能够最大限度地保留原木的纹路色彩，带来最自然的感觉，但原木的木饰面性能与原木木种有很大关系，还会存在较大的色差	
人造薄木贴面板	也叫科技木，是由速生木材打碎后按木纹路重组而成，纹理为人工制作，有一定的可控性，排列较规则，种类较多	

2. 薄木贴面板按表面木皮种类分类

薄木贴面板按表面木皮种类的分类见表 3-20。

表 3-20   薄木贴面板按表面木皮种类的分类

名称	主要内容	图片
水曲柳	水曲柳纹路复杂，颜色显黄显黑，价格偏低，分山纹和直纹两类	

续表

名称	主要内容	图片
红榉木、白榉木	红榉木饰面板的表面没有明显的纹理,只有一些细小的针尖状小点。颜色一般偏红,纹理轻细,视觉效果好;白榉木饰面板和红榉木饰面板纹路一样,但颜色发白;榉木饰面板的价格适中	
橡木、枫木	橡木饰面板纹路比枫木饰面板的纹路小,枫木的纹路和水曲柳的纹路相近,它们更适合小面积点缀,效果较佳	
胡桃木	颜色由淡灰棕色到紫棕色,纹理粗而富有变化。透明漆涂装后纹理更加美观,色泽更加深沉稳重。涂装次数要比其他饰面板多1～2道	
黑檀	色泽油黑发亮,为名贵木材,山纹有如幽谷,直纹形似苍林。装饰效果浑厚大方,价格较高	
樱桃木	颜色多为赤红,纹理通直,细纹里有狭长的棕色髓斑及微小的树胶囊,可表现出高贵的感觉,国产板和进口板价格差别较大	
柚木	油性丰富,线条清晰,特别适合用作家具饰面,且耐日晒。纹理有直纹和山纹之分,直纹表现出非凡风格,山纹则彰显沉稳风范	
树瘤木	包括雀眼树瘤和玫瑰树瘤等,此类饰面板质地细腻,色泽鲜丽,图案独特,适合与其他饰板搭配,有画龙点睛的效果	

续表

名称	主要内容	图片
沙比利	线条粗犷,颜色对比鲜明,装饰效果大方,具有复古和华丽感,非常适合做家具饰面	
斑马木	浅棕色至深棕色与黑色条纹相间,色泽深沉鲜明,纹理华美,线条清楚	

3. 薄木贴面板的质量鉴别

① 观察贴面表皮,看贴面的厚薄程度,越厚的性能越好,油漆后实木感越真、纹理也越清晰、色泽越鲜明、饱和度越好。

② 装饰性要好,其外观应有较好的美感,材质应细致均匀、色泽清晰、木色相近、木纹美观。

③ 表面应无明显瑕疵,其表面光洁,无毛刺沟痕和刨刀痕;应无透胶现象和板面污染现象;表面有裂纹裂缝、节子、夹皮,树脂囊和树胶道的尽量不要选择。

④ 无开胶现象,胶层结构稳定。要注意表面单板与基材之间、基材内部各层之间不能出现鼓包、分层现象。

⑤ 选择甲醛释放量低的板材。可用鼻子闻,气味越大,说明甲醛释放量越高,污染越厉害,危害性越大。

十一、护墙板的正确选择

护墙板(图 3-12)是近年来发展起来的新型装饰墙体的材料,一般采用木材、塑料等为基材,复合而成。护墙装饰板具有质轻,防火防蛀,施工简便,造价低廉,使用安全,装饰效果明显,维护保养方便等优点。它既可代替木墙裙，又可代替壁纸、墙砖等墙体材料，因此使用十分广泛。

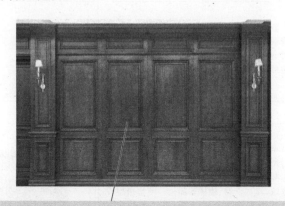

护墙板的幅面尺寸：无企口的整张护墙板的规格为2440mm×1220mm。安装时需按设计尺寸下料，将板裁割成所需规格；有企口的护墙板的板宽为90mm或165mm，长度一般为2440mm

图 3-12 护墙板

1. 护墙板按基材种类分类

护墙板按基材种类的分类见表 3-21。

表 3-21 护墙板按基材种类的分类

名称	主要内容
木质基材	可分为条状的型材及整张的板材两种；从基材加工工艺上可分为中密度板及胶合板两种
塑料基材	以塑料为原料生产的基材

2. 护墙板按造型方式分类

护墙板按造型方式的分类见表 3-22。

表 3-22　护墙板按造型方式的分类

名称	主要内容	图片
整墙板	整面墙均做造型的,称为"整墙板"。整墙板一般用来做背景墙、隐藏门比较多,也时也会整屋做整墙板。整墙板的构成通常包括三大部分:造型饰面板、顶线和踢脚线。整墙板的基本特点就是尽量实现"左右对称"	
墙裙	半高墙板,底部落地,上面会在到顶之间的位置留出空白,以腰线收边,空白处以其他装饰材料完成装饰。墙裙一般用在公共区域,比如走廊、楼梯等部位。墙裙造型没有整墙板造型那样灵活,多以造型均分为主	
中空墙板	中空墙板的芯板位置通常不做木饰面,即墙板边框和压线,中间用其他装饰材料代替,如壁纸。中空墙板的设计方法与整墙板或墙裙基本一致,只是整体感觉上会比有芯板的护墙板显得更加通透且整体设计富有节奏感,也可达到其他效果和功能性目的	

3. 护墙板的质量鉴别

　　护墙板是机器生产的装饰材料,可从内外两方面进行鉴定。

　　① 内在质量。主要检测其表面的硬度、基材与表面饰面粘接的牢固程度。质量好的产品,表面饰材硬度高、抗冲击、耐磨损,用小刀等刮划表面无明显伤痕,表层与基材无脱离现象。

　　② 外观质量。主要检测其仿真程度,质量好的产品,图案逼真,加工规格统一,拼接自如,装饰效果好。条状护墙板应是塑料密封包装,无扭曲变形。

十二、木料常用胶的正确选择

1. 蛋白质胶

（1）皮胶、骨胶

这两种胶料又称水胶（图 3-13）。它是用动物的皮和骨头经熬制而成的固定胶，这种胶呈黄褐色或茶褐色，半透明且有光泽。

 小贴士

　　胶合过程迅速，有足够的胶合强度，且不易使工具受损（变钝），缺点是耐水性和抗菌性能差，当胶中含水率达到20%以上时，容易被菌类腐蚀而变质

图 3-13　水胶

水胶的调制是木工的一项传统技术。其调制的方法见表 3-23。

表 3-23　水胶调制的方法

步骤	主要内容
步骤一	先将胶片粉碎,放入胶锅内,用水浸泡,胶与水的比例大致应保持1：2.5,浸泡约12小时左右,使胶体充分软化
步骤二	将胶锅放在一有水的容器中,然后放在火炉上或用其他方式加热。这样,可防止热源直接接触胶锅,使水胶烧焦

续表

步骤	主要内容
步骤三	当胶液达到 90℃时,要掌握好时间,大致煮 5~10 分钟。温度不宜过高,时间不宜过长,否则会破坏胶原蛋白,影响黏结质量

（2）酪素胶

酪素胶（图 3-14）由干酪素和其他原料配制而成。干酪素是动物乳制成的粉状物,为淡黄色松散多孔的无定形粒子,有奶香味。

图 3-14　酪素胶

酪素胶按配料的不同,分为不耐水酪素胶、耐水酪素胶和酪素水泥胶。

2. 合成树脂胶

（1）酚醛树脂胶

酚醛树脂胶（图 3-15）为褐色液体,由醇溶性酚醛树脂加凝固剂配制而成,具有良好的耐水性。

（2）乳胶

乳胶（图 3-16）为乳白色液体,故也叫白乳胶。其特点是活性时间长、使用方便、不用熬煮、黏着力强、不怕低温,适合大面积平面胶接,胶液过浓时可加少量水稀释。

配制方法是将其放入量筒内加水溶化，稀释至相对密度在1.13～1.16，然后一边搅拌树脂，一边缓慢倒入苯磺酸溶液，搅拌均匀后即可使用，如树脂黏度过大，可先加入乙醇稀释。由于胶液活性时间在2～4小时，因此要根据用量适量配制。涂刷工具要用醇类溶剂清洗

图 3-15　酚醛树脂胶

乳胶抗菌性能和耐水性能均较好。一般涂胶量为120～200g/m²，胶结木制品时可加压，其压紧力为0.2～0.5MPa、室内温度以25～30℃为佳，一般加压24小时即可

图 3-16　白乳胶

（3）脲醛树脂胶

脲醛树脂胶（图 3-17）由尿素与甲醛缩聚而成，以氯化铵为凝固剂。这种胶与酚醛树脂胶比较，有耐光、毒性小和无色等优点，配制时所用设备简单，可热压或常温下冷压固化，但耐水性和强度稍差。

小贴士

脲醛树脂胶是水溶性胶，在没有完全凝固前可以用水冲洗掉。活性时间为2～4小时，超过这一时间就会逐渐结块，故配胶时要掌握用量，以免造成浪费。胶合保持时间为48小时

图 3-17　脲醛树脂胶

配制时，根据室温和树脂量，称取已调好的浓度为 20% 的氯化铵溶液，然后倒入脲醛树脂溶液中搅拌均匀后即可使用。

3. 木料常用胶的质量鉴别

① 在选购胶时，注意胶体应均匀、无分层、无沉淀，开启容器时无刺激性气味。

② 选择名牌企业生产的产品及在大型建材超市销售的产品，因为大型建材超市讲信誉、重品牌，有一套完善的进货渠道，产品质量较为可靠，价位也相对合理。另外，还要看清包装及标识说明。

十三、选择木料的操作要点

家庭装修时一定要注意不能选购带有缺陷的木料，木料的常见缺陷见表 3-24。

表 3-24　木料的常见缺陷

名称	主要内容
节子	树木生长过程中,隐生在树干或主枝内部的活枝条或枯死枝条的基部称为节子,也叫木节、节疤
变色和腐朽	有一种真菌叫变色菌,它侵入木头后摄取木材细胞腔内的养分,引起木材正常颜色的改变,叫做变色。还有一种真菌叫腐朽菌,它不仅会使木材颜色改变,而且会使木材结构逐渐变得松软、易碎,最后变成一种呈筛孔状或粉末状的软块,该现象叫腐朽。腐朽是木材利用中的重大危害
虫害	害虫对木材的危害,叫虫害。害虫主要危害对象是新伐倒的树木,枯立木及病腐木。有时也会侵害正在生长的树木。昆虫危害木材所形成的孔道,称为虫眼。根据蛀蚀程度的不同,虫眼可分为表皮虫沟、小虫眼和大虫眼三种
裂纹	木材按开裂的部位和方向的不同,裂纹可分为径裂、轮裂和端裂等几种。这些大都是由于干燥不当所引起的,所以应当对木材进行正确干燥,加以控制
斜纹	斜纹是木材纤维排列不正常而出现的倾斜纹理。斜纹在圆材中呈螺旋状扭转,在成材的纵切面上呈倾斜方向。另外,在制材时,由于下锯方法不正确,通直的树干也会锯出斜纹来,这种称为人为斜纹。人为斜纹与木材纵轴所构成的角度越大,则木材的强度降低越严重。斜纹对顺纹抗拉强度影响最大,抗弯次之,顺纹抗压和抗剪影响很小

第四章 木制品接合方式的选择

一、常用木制品的接合方式

　　木工把木制零部件组合成成品，采用的各种连接方式，称为木构件的接合方式。常用的接合方式有钉接接合、榫接接合、楔接接合及搭接接合，其中具体详细的连接方式和用法见表 4-1。

表 4-1　木制品接合方式及其用法

连接名称	优点	弱点	用法	实例
拼接	现代胶水使连接十分牢固	在厚度区域应该加一个榫片	所有平的构架、拼板和台面等	
松动的榫槽连接	很容易将板材正确安装到位上胶	如果榫舌与榫槽太宽，连接很脆弱	骨架与拼装	

连接名称	优点	弱点	用法	实例
固定的榫槽连接	上胶后非常牢固、非常通用	如果连接部位很大，随着时间牢固度变弱	书架后面的装饰板、地板	
交叉半榫	比角半榫连接牢固	没有明显的缺点，但须精致切割以便美观	延伸导轨、格子框	
活动的榫舌连接	用在快速安装加强牢固度的地方	需要两个榫眼	用在很小的榫头上	
饼干榫	快速安装、广泛应用	没有真正的机械强度	连接框架、骨架、斜接架	
多米诺榫	一个活动的榫头	需要两面都有榫眼	任何地方	

续表

连接名称	优点	弱点	用法	实例
木钉	家庭工作的快捷方法	上胶后安装在榫头上	用在多功能的榫卯结构上	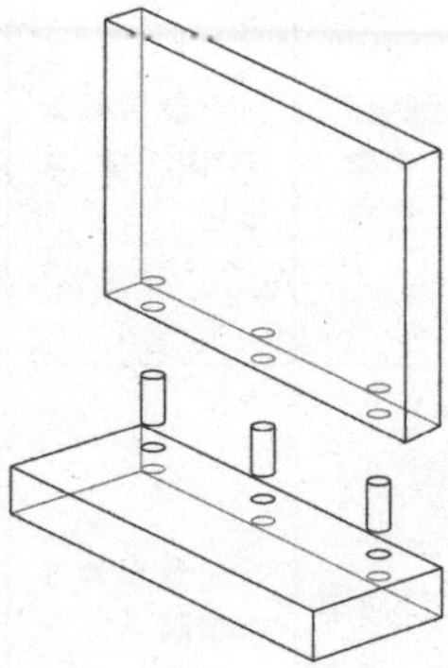
埋头螺丝	可以用在有限的空间里	张力与弯力最终会使螺丝松动	橱柜骨架	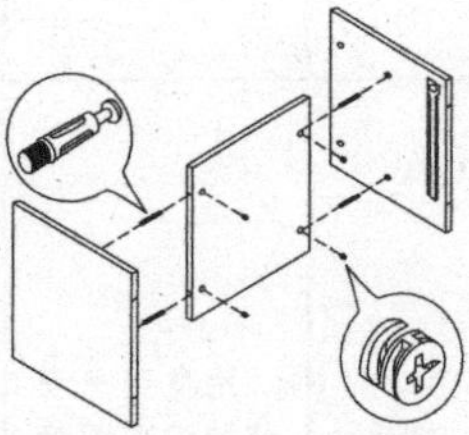

二、钉接法接合木制品

钉接接合操作简便，其中螺钉、螺栓接合还可以拆卸。常用钉接合有以下几种。

1. 圆钉接合

圆钉接合有明钉、暗钉、转脚钉和扎钉四种方式，如图 4-1 所示。

① 明钉接合（图 4-2）。钉帽要敲掉。当同一部位需钉多只圆钉时，应当使各钉不在同一木纹线上，以防木料裂开。

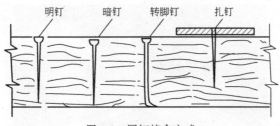

图 4-1　圆钉接合方式

小贴士

明钉接合多用于建筑木构件及家具背板等隐蔽部位

图 4-2　明钉接合

② 暗钉接合（图 4-3）。钉帽应敲扁，钉帽扁向应顺木纹，并用钉冲将钉帽冲入木下 1～2mm。油漆时，用腻子将钉眼填平补色，暗钉接合对家具外观影响不大。

③ 转脚钉接合。在操作时，把木料平放在钢板上。将钉略斜向敲入，当钉尖碰到钢板后，就会转脚。一般多用于钉包装板箱。

④ 工件胶合可以用扎钉接合，胶合工件上面可压一小块胶合板，

暗钉接合多用于家具制作中引条钉接、板面封边等明显部位

图 4-3　明钉接合

圆钉由压板钉入胶合工件。当胶液固化后，再将扎钉连同压板一起拔除。

2. 螺钉接合

螺钉接合强度比圆钉大，适用于厚板拼接、面子板吊合、家具组装、五金附件的装配等（图 4-4）。

3. 螺栓接合

螺栓接合（图 4-5）拆卸方便，通常在建筑工程木结构中用得较多。目前，很多组合、拆装、折叠家具中的木构件，也常采用螺栓接合。

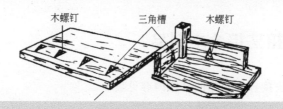

木螺钉　　　三角槽　　　木螺钉

小贴士

　　木螺钉连接时，不可以直接用锤将螺钉一次敲没。如果螺杆较长，应当先在工件连接处钻一个略比螺杆直径大、深度约为杆长一半的孔，再用螺丝批拧紧；如果螺杆较短，先用锤将其长的2/3敲入工件，再用螺丝批拧紧。遇到硬质木料时，钻孔应略深些。拧入前，可在钉尖抹些油或肥皂，以防钉尖扭断

图 4-4　用木螺钉拼板

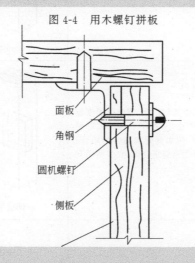

面板

角钢

圆机螺钉

侧板

小贴士

　　木工常用的螺栓有六角螺栓（如木制梁的对接、水泥模板的固定等），半圆头螺栓和沉头螺栓（如家具板块的组合、折叠椅的活动转轴等）。另外，家具出面部位所用螺栓应当镀锌或镀铬。螺栓接合的定位，可以用定位木块，或搭接与螺栓接合同时采用，或圆销、方榫定位安装螺栓

图 4-5　家具采用螺栓接合

三、榫接法接合木制品

榫接法接合木制品的具体内容见表 4-2。

表 4-2　榫接法接合的具体内容

名称	主要内容	图例
单肩榫	单肩榫多用于强度要求不高的结合部位。例如,在木制衣柜里面的侧板内衬档和直梃的连接处等就是使用了单肩榫	 (a) 榫眼零件　　(b) 榫头零件
双肩榫	双肩榫用途比较广泛,它结合强度较大,结构比较稳定,多用于各种主要受力档的结合,例如凳腿和横档的结合、衣柜主框架的档料结合等,大多使用双肩榫	 (a) 榫眼零件　　(b) 榫头零件
双肩定位半榫	双肩定位半榫多用于框架结构档料部的结合部位,半榫起到防止扭曲与定位作用。如门窗的上冒头和直梃的结合处、衣柜侧板及门的上下端横档与直梃的结合等大多使用双肩定位半榫	 半榫 (a) 榫槽零件　　(b) 榫头零件

名称	主要内容	图例
双榫	在后档料的结合中主要采用双榫进行结合，双榫具有扎实稳固的连接特点。如门樘和窗樘的中贯档和档子梃的结合，家具羊角腿料与厚板、厚档的结合大多使用双榫	 (a) 榫眼零件　　(b) 榫头零件
两分榫	两分榫特别适用于直梃和宽档的结合，中间的半榫主要是为了使眼内可保留一相连的木块，以加强直梃的牢度而设置的。同时，半榫又起到固定、定位的作用。如门扇的中、下冒头和直梃的结合，方桌的腿和围板的结合处等	 (a) 榫槽零件　　　　(b) 榫头零件
明燕尾榫	由于明燕尾榫结合具有强度高，并能够减少板面翘曲等特点，所以常用于厚板端部结合，如衣箱角，抽屉侧板和背板结合等	 (a) 零件(一)　　　(b) 零件(二)
暗燕尾榫	暗燕尾榫在连接板料时，具有单面平整、干净的特点，主要用于抽屉面板与侧板的结合	 (a) 零件(一)　　　(b) 零件(二)

名称	主要内容	图例
排榫	排榫主要用于板料的丁字形直角相接。如果是需贴装饰材料的抽屉,其屉面与侧板的结合可采用排榫	 (a) 榫眼零件　(b) 榫头零件
圆榫	圆榫结合是较新的木构件结合形式之一,具有制作方便、装配快、定位准等优点,目前在机械化生产的家具中应用较为广泛	 (a) 榫眼零件　(b) 榫头零件

四、楔接法接合木制品

楔接法接合木制品的具体内容见表 4-3。

表 4-3　楔接法接合的具体内容

名称	主要内容	图例
穿楔夹角接	木材穿楔夹角接的形式具有两种,一种是横向穿楔;另一种是竖向穿楔。竖向穿楔的具体做法为:先将两块料端头割成 45°,开槽后穿楔	 (a) 示意图(一)　(b) 示意图(二)
镶角楔接	当两块木板角接时,两板端头锯成 45°斜角,并在角部开斜角缺口,然后用另一块三角接合板进行胶合并加钉紧固	

续表

名称	主要内容	图例
明燕尾楔斜接	交接的两块木板端头锯成 45°的斜面,隔一定距离开燕尾榫槽,再用硬木制的双燕尾榫块楔入榫槽,为了使接合牢固,可带胶楔接	
三角垫块楔接	将接合的两块木板端锯成 45°斜角,内部每隔一定距离加三角形楔块,带胶楔接,并用圆钉紧固	
角木楔接	在两块木板接角处装置角木楔进行楔结合,适用于角接内部空间不影响使用的情况	
明薄片楔斜接	将两块接合木板端割成 45°斜角,再将钢或木制的薄楔片楔入角缝中,这种方法通常用于简单的箱类制作	

五、搭接法接合木制品

搭接法接合木制品的方式见表 4-4。

表4-4 搭接法接合的方式

名称	主要内容	图例
十字形搭接	十字形搭接能够兼顾相交档料的各向纤维强度。在制作时，按照画线，先用框锯将档料沿直向纤维锯断，然后用薄凿把中间部分凿去修平。十字形搭接在木作构件制作中被广泛采用，如桌子的交叉档、木床背内框架衬档的相交处	零件(一) 零件(二)
丁字形搭接	丁字形搭接多用于薄档料的简单接合，如家具衬档间的接合	零件(一) 零件(二)
叉口丁字形搭接	叉口丁字形搭接比丁字形搭接稳固，若用于斜交木构件接合，其制作比普通榫接更方便。叉口搭接与螺栓接合同时使用，能够承受较大的压力，如屋架横梁与直柱的接合、受力货架的横档与直脚相接处	零件(一) 零件(二)
对角搭接	对角搭接外表美观，制作简便，但接合强度较差，对角多数为45°。它在家具中用得较多，如镜框、照相框对角处	零件(一) 零件(二)
直角相缺搭接	直角相缺搭接制作简单，但接合强度较差，常用于一般抽屉侧板和背板的接合、普通箱体的板块垂直接合处等，常配用螺钉以加强接合部位的连接强度	零件(一) 零件(二)

一、木屋架的组成

　　木屋架有多种形式，其中以三角形屋架应用最为广泛，以下着重说明三角形屋架的组成与构造。

　　三角形木屋架（图5-1）较多地被用于制造商业、公共建筑及独

图 5-1　三角形木屋架的用途

栋木屋中,其主要组成(图 5-2)杆件有上弦(人称人字木)、下弦(又称大棺)、斜杆、竖杆(又称拉杆)等。斜杆和竖杆统称为腹杆。上弦、下弦、斜杆用木料制作,竖杆用木料或圆钢制作。

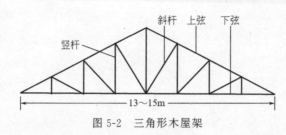

图 5-2　三角形木屋架

屋架各杆件联结处称为节点,两节点之间的空当称为节间。屋架两端的节点称为端节点,两端节点中心间的距离称为屋架跨度。

木屋架的适用跨度为 6～15m。屋脊处的节点称为脊节点,脊节点中心到下弦轴线的距离称为屋架高度(又称矢高)。木屋架的高度一般为其跨度的 1/5～1/4。屋架下弦中央与其他杆件联络处称为下弦中央节点,其余各杆件联结处均称为中间节点。

两榀屋架之间的中心距称为屋架间距。木屋架间距一般为 3～4m。

二、木屋架的常用形式与分类

木屋架的常用形式与分类见表 5-1。

表 5-1　木屋架常用形式与分类

形式	简图	结合方式	主要特征	总体尺寸	
				跨度/m	h/L
三角形桁架		节点用榫接合的屋架	上、下弦斜杆用方木或原木,竖杆用圆钢。当下弦杆用圆钢或型钢时,即为钢木屋架	6～8	1/6～1/4

续表

形式	简图	结合方式	主要特征	总体尺寸	
				跨度/m	h/L
三角形桁架		整截面上弦的钢木混合屋架	下弦杆及受拉腹杆采用钢材，其他与榫接屋架相同。工地制造	12～18	1/5～1/4
		整截面上弦的钢木混合屋架	下弦杆及受拉腹杆采用钢材，其他与榫接屋架相同。工地制造	12～20	1/5～1/4
		板销梁或胶合梁为上弦的钢木混合屋架	上弦杆用板销梁或胶合梁，下弦杆及手拉腹杆用钢材，受压腹杆用方木。工厂制造的桁架	12～18	1/5～1/4
		板销梁或胶合梁为上弦的钢木混合屋架	上弦杆用板销梁或胶合梁，下弦杆及受拉腹杆用钢材，受压腹杆用方木。工厂制造的桁架	12～18	1/5～1/4
		板销梁或胶合梁为上弦的钢木混合屋架	上弦杆用板销梁或胶合梁，下弦杆及受拉腹杆用钢材，受压腹杆用方木。工厂制造的桁架	12～18	1/5～1/4

续表

形式	简图	结合方式	主要特征	总体尺寸	
				跨度/m	h/L
三角形桁架		螺栓钢板连接的木桁架	全部构件用板材。工地制造的桁架	8~12	1/5~1/4
		螺栓钢板连接的木桁架	全部构件用板材。工地制造的桁架	10~15	1/5~1/4

注：d—弦杆水平长度；h—屋架高度；L—屋架水平长度。

三、木屋架的制作

1. 木屋架制作基本步骤

（1）放大样

放大样是木工的一项传统技术，就是根据设计图纸将屋架的全部详图构造用足尺（1：1）画出来，以求出各杆件的正确尺寸和形状，保证加工的准确。也可利用计算的方法代替放大样，既不占地又不麻烦。

放大样前要先熟悉设计图纸，把屋架详图上所表示的各部分构造弄清楚，对原设计有不合理的地方应提出修改建议。找一块平坦干净的水泥地坪，大样就画在这上面。

在放大样时，先画出一条水平线，在水平线一端定出端节点中心，从此点开始在水平线上量取屋架跨度的一半，定出一点，通过此点作垂直线，此线即为中竖杆的中线。在中竖杆中线上，量取屋架下弦起拱高度（起拱高度通常取屋架跨度的及屋架高度 1/200），定出脊点中心。连接脊点中心和端节点中心，即为上弦中线。再从端节点中心开始，在水平线上量取各节点长度，并作相应的垂直线，这些垂直线即为各竖杆的中线。竖杆中线与上弦中线的相交点即为上弦中间节点中心。连接端节点中心和起拱点，即为下弦轴线（在用原木时，下弦轴线即为下弦中线）；用方木时，下弦轴线是端节点处的下弦净截面中线，不是下弦中线、下弦轴线与各竖杆中线相交的点即为下弦中间节点中心。连接对应的上、下弦中间节点中心，即为斜杆中线，如图 5-3 所示。

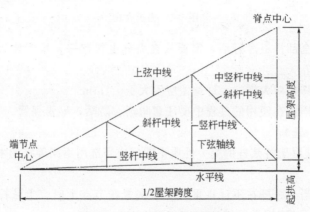

图 5-3　屋架各杆件中线及轴线

（2）出样板

大样经认真检查复核无误后，即可出样板。样板必须用木纹平直、不易变形及含水率不超过 18% 的木材制作，例如檐头大样如图 5-4 所示。

出样板操作的具体要求如下。

① 按照各弦杆的宽度将各块样板刨光、刨直。

② 将各样板放在大样上，将各弦杆齿、槽、孔等形状和位置画在样板上，并在样板上弹出中心线。

③ 按线锯割、刨光。每一弦杆要配一块样板。

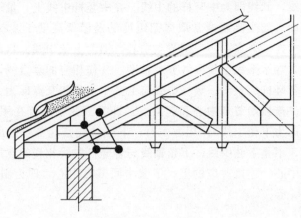

图 5-4　檐头大样

④ 全部样板配好后，需要放在大样上拼起来，检查样板与大样图否相符。

⑤ 样板对大样的允许偏差应不大于±1mm

⑥ 样板在使用的过程中要注意防潮、防晒，妥善保管。

（3）选料

根据屋架各弦杆的受力性质不同，应当选用不同等级的木材进行配置。

① 当上弦杆在不计自重且檩条搁置在节点上时，上弦杆为受压构件，可以选用Ⅲ等材。

② 当檩条搁置在节点之间时，上弦杆为压管构件，可以选用Ⅱ等材。

③ 斜杆是受压构件，可以选用Ⅲ等材，竖杆是受拉构件，应当选用Ⅰ等材。

④ 下弦杆在不计自重且无吊顶的情况下，是受拉构件，如果有吊顶或计自重，下弦杆是拉弯构件。下弦杆不论是受拉还是拉弯构件，均应当选用Ⅰ等材。

（4）配料与画线。

配料与画线操作的具体要求如下。

① 在采用样板画线时，对方木杆件，应当先弹出杆件轴线；对

原木杆件，先砍平找正，然后端头弹十字线及四面中心线。

② 将已套好样板上的轴线与杆件上的轴线对准，然后按样板画出长度、齿及齿槽等。

③ 上弦、斜杆断料长度要比样板实长多 30～50mm。

④ 如果弦杆需要接长，各榀屋架的各段长度应当尽量一致，以免混淆接错。

⑤ 木材裂缝处不得用于受剪部位（如端节点处）。

⑥ 木材的节子及斜纹不得用于齿槽部位。

⑦ 木材的髓心应当避开齿槽及螺栓排列部位。

（5）加工制作

木屋架加工制作，如图 5-5 所示。

在钻孔时，先将所要结合的杆件按正确位置叠合起来，并加以临时固定，然后用钻子一次钻透，以提高结合的紧密性。受剪螺栓（如连接受拉木构件接头的螺栓）的孔径不应大于螺栓直径，系紧螺栓（如系紧受压木构件接头的螺栓）的孔径可以大于螺栓直径 2mm

图 5-5　木屋架加工制作

2. 木屋架加工制作的具体要求

① 齿槽结合面力求平整，贴合严密。结合面凹凸倾斜不大于 1mm。弦杆接头处要锯齐、锯平。

② 榫肩应当长出 5mm，以备拼装时修整。

③ 上、下弦杆之间在支座节点处（非承压面）宜留空隙，通常约为 10mm；腹杆与上下弦杆结合处（非承压面）也宜留 10mm 的空隙。

④ 做榫断肩需留半线，不得走锯、过线。在做双齿时，第一槽齿应当留一线锯割，第二槽齿留半线锯割。

⑤ 钻螺栓孔的钻头要直，其直径应比螺栓直径大 10mm。每钻入 50～60mm 后，需要提出钻头，加以清理，眼内不得留有木渣。

四、木屋架的拼装

木屋架的拼装操作如图 5-6 所示。

图 5-6 木屋架的拼装

木屋架拼装操作的具体要求如下。

① 在下弦杆端部底面钉上附木。根据屋架跨度，在其两端头和中央位置分别放置垫木。

② 将下弦杆放在垫木上，在两端端节点中心上拉通长麻线。然后调整中央位置垫木下的木楔（对拔榫），并用尺量取起拱高度，直

到起拱高度符合要求为止。最后用钉将木楔固定（不要钉死）。

③ 安装两根上弦杆。脊节点位置对准，两侧用临时支撑固定。然后画出脊节点钢板的螺栓孔位置。钻孔后，用钢板、螺栓将脊节点固定。

④ 将各竖杆串装进去，初步拧紧螺帽。

⑤ 将斜杆逐根装进去，齿槽互相抵紧，经检查无误后，再将竖杆两端的螺帽进一步拧紧。

⑥ 在中间节点处两面钉上扒钉（端节点若无保险螺栓、脊节点若无连接螺栓，也应钉扒钉），扒钉装钉要确保弦、腹杆连接牢固，且不开裂。对于易裂的木材，钉扒钉时，应当预先钻孔，孔径取钉径的 $80\%\sim90\%$，孔深应不小于钉入深度的 60%。

五、木屋架的安装

1. 木屋架安装的基本步骤

2. 木屋架安装操作详解

（1）安装作业条件的确定

① 安装及组合桁架所用的钢材及焊条应当符合设计要求，其材质也应当符合设计要求。

② 承重的墙体或柱应验收合格，有锚固的部位必须锚固牢靠，强度达到吊装需要的要求。

③ 木结构制作、装配完毕后，应当根据设计要求进行进场检查，验收合格后方准吊装。

（2）吊装准备

① 墙顶上如是木垫块，则应用焦油沥青涂刷表面，以作防腐。

② 清除保险螺栓上的脏物，检查其位置是否准确，如有弯曲要进行校直。

③ 将已拼好的屋架进行吊装就位。

④ 放线。在墙上测出标高，然后找平，并弹出中心线位置。

⑤ 检查吊装用的一切机具、绳、钩，必须合格后方可使用。

（3）吊装与校正

开始应试吊，即当屋架吊离地面 300mm 后，应当停车进行结构、吊装机具、缆风绳、地锚坑等的检查，没有问题后方可以继续施工。

第一榀屋架吊上后（图 5-7），立即对中、找直、找平，用事前绑在上弦杆上的两侧拉绳调整屋架，垂直合格后，用临时拉杆（或支撑）将其固定，待第二榀屋架吊上后，找直、找平合格，立即装钉上脊檩，作为水平连系杆件，并装上剪刀撑，接着再继续吊装，支撑与屋架应用螺栓连接，不得采用钉连接或是抵承连接。

屋架的支座节点、下弦及梁的端部不应封闭在墙保温层或其他通风不良处，构件的周边（除支撑面外)及端部均应留出不小于50mm的空隙

图 5-7　第一榀屋架吊运

3. 木屋架安装施工质量验收

木屋架安装施工后的质量应符合表 5-2 的要求。

表 5-2　木屋架安装位置的允许偏差

项目	允许偏差/mm	检验方法
结构中心线间距	±20	尺量检验
垂直度	$H/200$ 但不大于 15	吊线尺量检查
受压或压弯构件纵向弯曲	$L/300$	吊(拉)线尺量检查
支座轴线对支承面中心位移	10	尺量检查
支座标高	±5	用水准仪检查

第六章 手把手教你制作木门窗

一、木门及木窗的基本构造

1. 木门的基本构造

（1）木门的各部分组成

木门（图6-1）一般由门框（门樘）、门扇及五金零件组成。门框由边梃、冒头（上槛）、中贯档组成。边梃、冒头和中贯档均需做成裁口（铲口），使门扇能很好地接靠。裁口的深度一般为10～12mm，宽度与门扇厚度相同，也可采用"钉裁口"的方法。中贯档一般在门洞高度为2100mm以上时设置。另外，钢框木门的框下设置一根圆钢拉杆的地槛。

（2）木门的种类

木门的种类很多，按照开关形式的不同，可分为：开关门（图6-2）、推拉门（图6-3）、折门（图6-4）和转门（图6-5）等。

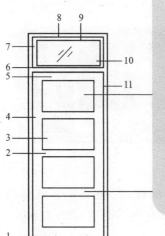

小贴士

门框周围与砖墙接缝处加钉贴脸板（门头线），贴脸板下端另钉一块较贴脸板稍宽，比踢脚板稍厚、稍高的门头墩子线。有较高装饰要求的门窗洞的砖墙面，有时不作粉刷而用度头板（筒子板）装饰，顶端用天盘板。

门扇是由门梃、上下冒头、中冒头、中梃、门肚板等组成。有些门扇需要安装玻璃的，其间竖或横的木材条均称为槑子（玻璃芯子）

图 6-1 木门构造示意图

1—门扇下冒头；2—门扇中冒头；3—门芯板；4—门扇梃；5—门框上冒头；6—门框中贯档；
7—腰窗扇梃；8—门框上冒头；9—腰窗扇上冒头；10—玻璃；11—门框梃

图 6-2 开关门

图 6-3 推拉门

图 6-4　折门

图 6-5　转门

　　木门按照构造形式的不同可分为：镶板门（图 6-6）、框板门（图 6-7）、条板门（图 6-8）、窗格门（图 6-9）和百叶门（图 6-10）等。

小贴士

　　镶板门也叫嵌板门，是一种在围绕门面的框带中镶嵌多块面板而形成的门

图 6-6　镶板门

小贴士

框板门是将一整块经过修饰处理的面板镶嵌或覆盖在硬木或软木做成的框架上而形成的门

图 6-7　框板门

小贴士

条板门是由若干条形面板经木框架或木带固定而形成的门，是最原始的木门形式

图 6-8　条板门

窗格门是用木枋构成的木花格装饰门面而形成的门

图 6-9   窗格门

百叶门是由许多叶片或木板条组合而成的门，与百叶窗的特点相似

图 6-10   百叶门

2. 木窗的基本构造

（1）木窗的各部分组成

木窗（图 6-11）一般由窗框、窗扇及五金零件组成。窗框由边

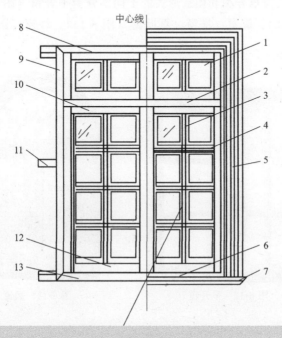

窗扇是由窗梃、上下冒头、窗棂子（玻璃芯子）等组成。双扇窗接合处的窗梃要互相做成裁口，才能紧密连接。为了防止雨水透过内开窗的接缝流进室内，有时可在窗扇下冒头上钉一块披水板，同时在窗框下冒头裁口处开一条半圆形出水槽，在槽的中间钻一个或几个（视窗扇的宽度而定）出水孔直通外面

图 6-11　木窗构造示意图

1—亮子；2—中贯档；3—玻璃芯子；4—窗梃；5—贴脸板；6—窗台板；7—窗盘线；8—窗樘上冒头；9—窗樘边梃；10—上冒头；11—木砖；12—下冒头；13—窗樘下冒头

梃、中梃（三扇窗以上加设）上下冒头、中档（窗洞高度大于 1.2m 时加设）等组成。窗框一般与门框一样，均做成裁口，但由于窗扇如翻窗等关闭方向不同，因此裁口的做法也有所不同。

（2）木窗的种类

木窗按窗扇开关和构造形式的不同，分为平开窗（图 6-12）、翻窗（图 6-13）、旋窗、推窗、百叶窗（图 6-14）、纱窗（图 6-15）和固定窗等。

图 6-12　平开窗

图 6-13　翻窗

图 6-14　百叶窗

图 6-15　纱窗

二、木门窗制作详解

1. 木门窗制作基本步骤

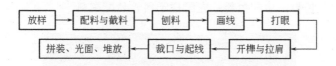

放样 → 配料与截料 → 刨料 → 画线 → 打眼

拼装、光面、堆放 ← 裁口与起线 ← 开榫与拉肩

2. 木门窗制作要点详解

（1）放样

根据详图将门窗各部件的详细尺寸足尺画在样杆（样棒、数棒）上，如图 6-16 所示。样杆采用松木制作，双面刨光，厚为 10～

小贴士

放样时，先画出门窗的总高及总宽，再定出中贯档到门窗顶的距离，然后根据各剖面详图依次画出各部件的断面形状及相互关系

图 6-16 现场放样操作

20mm，宽等于门窗樘子梃断面宽，长比门窗高度大 200mm 左右。一根样杆可画两面，一面画纵剖面，一面画横剖面。

　　（2）配料与截料

　　配料（图 6-17）是根据样杆上（或计算）所示各部件的尺寸，计算其所需毛料尺寸，提出配料加工单。配料要精打细算，合理搭配，先配长料，后配短料；先配樘子料，后配扇料。

　　　　配料时应注意木材缺陷，不要把节子留在开榫、打眼、起线的地方；木材倒棱的边可做裁口边；木材有顺弯时，其弯度一般不应超过 4mm，有扭弯者一般不予使用

图 6-17　木工现场配料

　　要合理地确定加工余量。截料时，要考虑锯削的损耗量，一般可按 2～3mm 计算；手工单面刨光加大 1～1.5mm，双面刨光加大 2～3mn；机械单面刨光加大 3mm，双面刨光加大 5mm。长度方向的加工余量见表 6-1。

表 6-1　门窗构件长度的加工余量

构件名称	加工余量
门框立梃	按图纸规格放长：底层和厕所 60mm，楼层 20～30mm
门框上冒头，窗框上、下冒头	按图纸规格放长：有走头时 20mm，无走头时 40mm

续表

构件名称	加工余量
窗框立梃、门窗框中贯档	按图纸规格放长 10～20mm
门窗扇立梃	按图纸规格放长 40mm
窗扇冒头、窗芯	按图纸规格放长 10～20mm
门扇冒头、中冒头	按图纸规格放长 10～20mm（门扇冒头在五根以上时，有一根中冒头可按图纸规格缩短 10mm）
门芯板	按图纸冒头及扇梃内净距各放长 5mm

（3）刨料

刨料时（图 6-18），宜将纹理清晰的材面作正面。框料选一个窄面作正面；扇料选一宽面作正面。正面要画上符号。对于门窗框的边梃及上、下冒头可只刨三面，不刨靠墙一面；门窗扇的上冒头和边梃只刨三面，靠框子一面待安装时再进行修刨。

小贴士

刨光时，要查看木纹，顺纹刨削，以免戗槎将工件表面刨得凸凹不平。刨好的部件应分类堆放，以备下道工序取用方便

图 6-18　刨光木材

刨完后，应将同类型、同规格的框扇堆放在一起，上下对齐，每

两个正面相合，堆垛下面垫实平整。

（4）画线

画线（图 6-19）操作宜在画线架或画线机上进行。将门窗料整齐叠放在架上，排正归方，并在架顶上画出榫、眼位置，然后将每根料的榫、眼的横线一起画出。横线全部画好后，逐根取下来画榫、眼的纵线。所有榫、眼要注明是全榫还是半榫，是全眼还是半眼。

在画定尺寸时，一般都需要留有加工余量，等到组装完毕后再去除余量。画线原则为："先画竖料再画横料，定两端再中间，对称料一起画"

图 6-19　画线架上画线

（5）打眼

打眼（图 6-20）要选用与眼宽等宽的凿，凿刃要锋利。先打全眼，后打半眼；全眼要先打背面，凿到一半时，翻转过来再打正面，直到贯穿。眼的正面要留半条墨线，背面不留线，但比正面略宽。

打成的眼要方正，眼内要清，眼的两端面中部应略微隆起，这样榫头装进去比较紧密

图 6-20　打眼操作

（6）开榫与拉肩

拉肩、开榫（图 6-21）要留半个墨线，拉出的肩和榫要平、正、直、方、光，不得变形。

（7）裁口与起线

裁口（图 6-22）应用边刨操作，起线应用线刨操作。裁口、起线必须方正、平直、光滑，线条清秀，深浅一致，不得戗槎、起刺或凸凹不平。

（8）拼装、光面、堆放

拼装时，下面用木楞垫平，放好各部件，榫眼对正，用斧轻轻敲击打入。

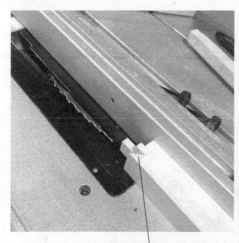

　　开出的榫要与眼宽、窄、厚、薄一致。半榫的长度要比眼的深度短2~3mm，拉肩不得伤榫

图 6-21　开榫操作

图 6-22　裁口操作

拼装门窗框，应先将中贯档与立梃拼好，再装上、下坎。拼装门窗，应先将冒头与一根立梃拼好，再插装门芯板，最后装上另一根立梃。门芯板边离凹槽底有 2～3mm 间隙。拼装窗扇，应先将冒头、窗芯与一根立梃拼好，再将另一根立梃装上（图 6-23、图 6-24）。

图 6-23　门扇拼装操作示例一

门窗框、门扇在每个榫头中加打两个涂胶木楔，窗扇在每个榫头中加打一个涂胶木楔。门窗框加楔位置应偏外一些，门窗扇上冒头加楔位置偏上边，下冒头加楔位置偏下边。

拼好门窗后要进行光面，双扇门窗刨光后应平放，刻刮错口刨平后成对做记号。拼装好的成品，应写明型号、编号，分类整齐堆放（图 6-25）。门窗靠墙的一面应刷防腐剂。

图 6-24　门扇拼装操作示例二

图 6-25　刨光后平放，整齐堆放

3. 木门窗制作质量验收

木门窗制作质量验收的具体内容见表 6-2。

表 6-2　木门窗制作验收的主要内容

名称	质量合格	质量优良
木材的死节与虫眼处理	死节和直径大于 8mm 的虫眼，用同一树种木塞加胶填补。清油制品的木塞色泽、木纹应与制品基本一致	死节和直径大于 5mm 的虫眼，用同一树种木塞加胶填补。清油制品的木塞色泽、木纹应与制品基本一致

续表

名称	质量合格	质量优良
窗表面质量	表面平整，无缺棱、掉角。清油制品色泽近似	表面平整光洁，无槎、刨痕、毛刺、锤印和缺棱、掉角。清油制品色泽、木纹近似
门窗裁口、起线、割角、拼缝	裁口、起线顺直，割角准确，拼缝严密	裁口、起线顺直，割角准确，交圈整齐，拼缝严密，无胶迹
压砂条和门窗纱	压纱条平直、光滑，钉压牢固紧密，顶帽不凸出，门窗纱绷紧	压纱条平直、光滑，规格一致，与裁口平齐，割角连接密实，钉压牢固，钉帽不凸出，门窗纱绷紧，不露纱头
涂刷干性底油	门窗制成后，及时涂刷干性底油	门窗制成后，及时涂刷干性底油，并涂刷均匀

三、木门窗框、扇安装操作详解

1. 木门窗框、扇安装基本步骤

门窗框立口安装 ——▶ 门窗扇安装

2. 木门窗框、扇安装要点详解

（1）门窗框立口安装

立窗口的方法主要有两种：一种是先立口，另一种是后立口。先立口就是当墙体砌到窗台下平时开始立口。

立框（图6-26）时须注意门窗扇的开关方向。内开门框与内墙齐平，外开门框则与外墙齐平。还应注意设计图纸的有关说明。

离地面高度相同的窗框，必须以皮数杆为准拉一根通线进行校核，使窗框顶面高低一致。

凡靠墙面安装的门窗，如墙面需要粉刷时，一般应使框子凸出墙面15～18mm，以便与粉刷后的表面齐平

图 6-26　立门框

各层上下对直的门窗框，要保持上下对直在同一垂线上，故在砌筑安装过程中，要注意用线锤从上层挂到下层及时校核和调整。

门窗框与墙的接触面、铁脚、木砖，均需涂以防腐剂。这项工作应在安装前做好。通常预埋的木砖等多在砌入墙身之前经过防腐处理。

（2）门窗扇安装

安装门窗扇的质量要求是：风路（空隙）平均、不翘曲、齐整对称、开启灵活、关闭紧密。门窗扇的种类较多，安装方法亦有所不同，现就一般适用的安装方法和注意要点简述如下。

安装前应检查门窗扇（图 6-27）与门窗框的标号是否相同，并区别上下冒头，不使颠倒用错。

要逐一度量已立好的门窗框的实际尺寸，根据实际尺寸最后对门窗扇调整刨光。若门窗扇偏高，只能刨削上冒头，一般不应刨削负荷较大的下冒头。

将调整好的门窗扇放在框子上用木楔塞住，试装检查能否开关、

 小贴士

　　要求门窗扇和门窗框之间及两扇对口处，均能预留1.0～2.5mm的风路（有一定空隙的气流通路）。门扇离地的风路：外门为5mm，内门为8mm，卫生间为22mm。窗扇和下槛间的风路，以单页铰链的厚度为宜

图 6-27　安装门扇

空隙大小、是否平整、有无翘曲扭转等情况。

3.木门窗框、扇安装质量验收

　　门窗框与墙体间的缝隙需用发泡胶填充至饱满均匀（图6-28）；门窗框裁口顺直，刨面平整光滑（图6-29）；开关灵活、稳定、无回弹和倒翘。门窗小五金安装应位置适宜（图6-30），槽深一致（图6-31），

图 6-28　门框与墙体之间填充发泡胶

边缘整齐，尺寸正确，安装齐全，规格符合要求，木螺丝拧紧卧平，插销关启灵活；门窗披水、盖口条、压缝条、密封条的安装应尺寸一致，平直光滑。与门窗结合牢固严密，无缝隙。

图 6-29　裁口顺直，刨面平整平滑

图 6-30　门框与墙体之间填充发泡胶

图 6-31　门窗小五金件安装边缘整齐

四、木门窗安装操作细节注意要点

1. 木门窗安装允许偏差

木门窗安装允许偏差见表 6-3。

表 6-3　木门窗安装允许偏差

项目		允许偏差留缝宽度/mm		检验方法
		Ⅰ级	Ⅱ、Ⅲ级	
框的正、侧面垂直度		3		用1m托线板检查
框对角线长度差		2	3	尺量检查
框与扇、扇与扇接触处高低差		2		用直尺和楔形塞尺检查
门窗扇对口和扇与框间留缝宽度		1.5～2.5		用楔形塞尺检查
工业厂房双扇大门对口留缝宽度		2～5		
框与扇上缝留缝宽度		1.0～1.5		
窗扇与下坎间留缝宽度		2～3		
门扇与地面间留缝宽度	外门	4～5		用楔形塞尺检查
	内门	6～8		
	卫生间门	10～12		
	厂房大门	10～20		
门扇与下坎间留缝宽度	外门	4～5		
	内门	3～5		

2. 木门窗安装操作常见质量问题及解决方法

木门窗安装的常见问题及解决方法见表 6-4。

表 6-4　木门窗安装的常见问题及解决方法

常见问题	解决方法
门窗框翘曲	门窗框翘曲。其原因是立梃不垂直,两根立梃向相反的两个方向倾斜,即两根立梃不在同一个垂直平面内。因此,安装时要注意垂直度吊线,按规程操作,门框安装完以后,用水泥砂浆将其筑牢,以加强门框刚度;注意成品保护,避免框因车撞、物碰而位移

常见问题	解决方法
门窗框安装不牢	门窗框安装不牢。由于木砖埋的数量少或将木砖碰活动,也有钉子少所致的。砌半砖隔墙时,应用带木砖的混凝土块,每块木砖上需用两个钉子,上下错开钉牢,木砖间距一般以 50～60mm 为宜。门窗洞口每边缝隙不应超过 20mm,否则应加垫木;门窗框与洞口之间的缝隙超过 30mm 时,应灌豆石混凝土;不足 30mm 的应塞灰,要分层进行
门窗框与门窗洞的缝隙过大过小	门窗框与门窗洞的缝隙过大或过小多因安装时两边分得不匀,高低不准。一般门窗框上皮应低于门窗过梁下皮 10～15mm,窗框下皮应比窗台砖层上皮高 50mm,若门窗洞口高度稍大或稍小时,应将门窗框标高上下调整,以保证过梁抹灰厚度及外窗台泛水坡度。门窗框的两边立缝应在立框时用木楔临时固定调整均匀后,再用钉子钉在木砖上
合页不平	合页不平可能是因为螺丝松动、螺帽斜露、缺少螺丝、合页槽深浅不一、螺丝操作时钉入太长、倾斜拧入。因此,合页槽应里平外卧,安装螺丝时严禁一次钉入,钉入深度不得超过螺丝长度的 1/3,拧入深度不得小于 2/3,拧时不得倾斜。同时应注意数量,不得遗漏,遇有木节或钉子时,应在木节上打眼或将原有钉子送入框内,然后重新塞进木塞,再拧螺丝
上、下层的门窗不顺直	上、下层的门窗不顺直是由洞口预留不准,立口时上下没有吊线所致。结构施工时注意洞口位置,立口时应统一弹上口的中线,根据立线安装门窗框
门窗框与抹灰面不平	门框与抹灰面不平一般由立口前没有标筋造成。安装门框前必须做好抹灰标筋,根据标筋找正吊直

第七章　手把手教你制作细木制品

07
Chapter

一、木窗帘盒制作详解

1. 木窗帘盒制作基本步骤

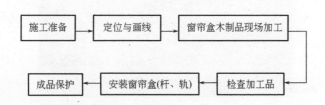

2. 木窗帘盒制作要点详解

（1）施工准备

木窗帘盒施工准备的主要内容见表 7-1。

表 7-1 施工准备的主要内容

名称	主要内容
材料及构配件	①窗帘盒采用 18mm 细木工板现场制作,细木工板的含水率不大于 12%,并不得有裂缝、扭曲等现象; ②五金配件:根据设计选用五金配件,如窗帘轨、轨堵、轨卡、大角、小角、滚轮、木螺丝、机螺丝、铁件等; ③金属窗帘杆:一般由设计指定图号、规格和构造形式等
主要机具	①电动机具:手电钻、小电动台锯; ②手用工具:大刨子、小刨子、槽刨、手锯、螺丝刀、凿子、冲子、钢锯等
作业条件	①有吊顶采用暗窗帘盒的房间,吊顶施工应与窗帘盒安装同时进行; ②窗帘轨和窗帘杆的安装待油漆工程完成后安装

（2）定位与画线（图 7-1）

安装窗帘盒、窗帘杆应按设计图要求的位置、标高进行中心定位,弹好找平线,找好窗口、挂镜线等构造关系。

施工现场画出的找平线

图 7-1 定位与画线操作

（3）窗帘盒木制品现场加工

采用细木工板制作木制窗帘盒（图7-2），并涂刷防火涂料。

小贴士

木制窗帘盒应及时涂刷防火涂料

图7-2　现场制作的木制窗帘盒

（4）核查加工品

核对现场已加工好的窗帘盒品种、规格、组装构造是否符合设计及安装要求。

（5）安装窗帘盒（杆、轨）

① 安装窗帘盒：先按平线确定标高，画好窗帘盒中线，安装时将窗帘盒中线对准窗口中线，盒的靠墙部位要贴严，固定方法按设计要求。

② 装窗帘轨（图7-3）：本工程为暗装窗帘盒，暗窗帘盒应后安装轨道，窗帘较重时，轨道小角应加密间距，木螺丝规格不小于30mm。轨道应保持在一条直线上。

③ 窗帘杆安装（图7-4）：校正连接固定件，将杆装上或将铁丝绷紧在固定件上，做到平、正，与房间标高一致。

小贴士

窗帘盒轨安装时一定要与窗帘盒平行，否则会影响后期使用

图 7-3　安装窗帘盒轨

图 7-4　窗帘杆的安装

（6）成品保护

安装窗帘盒后，应进行饰面的装饰施工，应对安装后的窗帘盒进行保护，防止污染和损坏；安装窗帘及轨道时，应注意对窗帘盒的保护，避免窗帘盒的碰伤、划伤等。

3. 木窗帘盒制作质量验收

① 窗帘盒制作与安装所使用材料的材质和规格、木材的燃烧性能等级和含水率应符合设计要求及国家现行标准的有关规定。

② 窗帘盒的造型、规格、尺寸、安装位置和固定方法必须符合设计要求。窗帘盒的安装必须牢固。

③ 窗帘盒配件的品种、规格应符合设计要求，安装应牢固。

④ 窗帘盒表面应平整、洁净、线条顺直、接缝严密、色泽一致，不得有裂缝、翘曲及损坏。

⑤ 窗帘盒与墙面、窗框的衔接应严密，密封胶缝应顺直，光滑。

4. 木窗帘盒制作与安装常见质量问题及解决方法

木窗帘盒制作与安装常见质量问题及解决方法，见表 7-2。

表 7-2　木窗帘盒制作与安装问题及解决方法

质量问题	解决方法
窗帘盒安装不平、不正	主要是找位、画尺寸线不认真；预埋件安装不准，调整处理不当。安装前做到画线准确，安装量尺务必使标高一致，中心线准确
窗帘盒两端伸出的长度不一致	主要是窗口中心与窗帘盒中心相对不准，操作不认真所致。安装时应核对尺寸，使两端伸出长度相同
窗帘轨道脱落	多数由于盖板太薄或螺丝松动造成。薄于 15mm 的盖板，应用机械牙螺丝固定窗帘轨
窗帘盒迎面板扭曲	加工时木材干燥不好，入场后存放受潮，安装时应及时刷油漆一道

二、木窗台板制作详解

1. 木窗台板制作基本步骤

2. 木窗台板制作要点详解

（1）施工准备

木窗台板施工准备的主要内容见表 7-3。

表 7-3　施工准备的主要内容

项目	主要内容
材料及构配件	①木材：用于制作骨架的基本材料，应选用含水率不大于 12% 且材质较好的木材，且无腐朽、劈裂、扭曲，无断面超 1/3 的节疤。 ②胶合板：选用干燥、无缝状裂痕、无脱胶开裂、无翘曲变形、表面无密集丝发干裂的板材。饰面用的胶合板应选用色泽纹理一致、无脱胶开裂、木纹清晰自然、无节疤的板材。胶合板的甲醛含量≤0.124mg/m³。 ③防火胶板：选用表面清洁美观，无划痕、裂纹、缺棱掉角及损坏现象，厚度符合设计要求的胶板。 ④木材及胶合板、防火胶板进场时，应检查其型号规格、产品合格证、性能检验报告、厂家的资质证明资料。 ⑤按设计要求及相关验收规范规定预先采购防腐剂、防潮剂、防白蚁药剂、防火涂料。进场时，应检查其型号规格、产品合格证、性能检验报告、资质证明资料。 ⑥预先准备好各种圆钉、气枪钉、螺钉、白乳胶、木胶粉、装饰条、角铁、膨胀螺栓
主要机具	主要机具及检测用具有电锯、手电刨、空气压缩机、气钉枪、手电钻、电锤、修边机、曲线锯、裁口刨、木锯、长刨、螺丝刀、水平尺、线坠、靠尺、墨斗、卷尺、角尺
作业条件	安装窗台板处的结构面或基层面，应预埋好木楔、木砖或铁件。窗台板的安装，应在安装好窗户、窗台抹灰完成以后进行，钉装面板一般在室内抹灰及地面做完后进行

（2）定位与画线

根据设计图纸的要求，画出窗台板的标高、位置线，为使同楼层、同房间或连通窗台板的标高、位置一致，应统一放线（图 7-5）。

（3）窗台板的制作

木窗台板（图 7-6）的加工用料、制作的规格尺寸、造型要符合设计图纸要求，加工的木窗台板的表面应光洁，平整方正。

图 7-5　窗台板放线操作

台板边沿处要根据设计要求倒楞或起线。窗台板背面要开卸力槽

图 7-6　木窗台板制作现场

（4）窗台板的安装

在窗台墙上，预先砌入防腐木砖，木砖间距 300mm 左右，每樘窗不少于三块，或钻洞打入木楔，间距 150mm 左右。将窗台板

（图7-7）刨光起线后，放在窗台墙顶上居中，窗台板的长度一般与窗宽度等长，如果比窗宽度长，两端伸出的长度应一致。对同楼层、同房间、连通窗台的窗台板应拉线找平、找齐，使其标高一致，凸出墙面尺寸一致，应注意窗台板上表面向室内略有倾斜（泛水）约1%。与窗框、墙体的衔接要严密。

窗台板调平校直后，用气枪钉把窗台板与木砖（木楔）钉牢，要稳固无松动。如窗台板为胶合板基层，根据设计的要求粘贴饰面板和安装周边断面的木压条

图 7-7　窗台板安装

（5）成品保护

① 安装窗台板后，进行饰面的装饰施工，应对安装后的窗台板进行保护，防止污染和损坏。

② 窗台板安装应在窗帘盒安装完毕后再进行。

③ 安装窗台板，应保护已完成的工程项目，不得因操作损坏地面、窗洞、墙角等成品。

④ 窗台板进场应妥善保管，做到木制品不受潮，金属品不生锈，石料、块材不损坏棱角，不受污染。

⑤ 安装好的成品应有保护措施，做到不损坏、不污染。

3. 木窗台板制作施工质量验收

窗台板表面应平整、洁净、线条顺直、接缝严密、色泽一致，不得有裂缝、翘曲及损坏。窗台板与墙面、窗框的衔接应严密，密封胶应顺直、光滑。窗台板安装的允许偏差和检验方法应符合表 7-4 的规定。

表 7-4　窗台板安装的允许偏差和检验方法

项目	允许偏差/mm	检验方法
水平度	2	用 1m 水平尺和塞尺检查
上口、下口直线度	3	拉 5m 线,不足 5m 拉通线,用钢直尺检查
两端距窗洞口长度差	2	用钢直尺检查
两端出墙厚度差	3	用钢直尺检查

三、散热器罩制作详解

1. 木散热器罩制作基本步骤

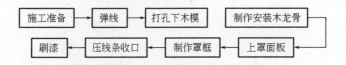

2. 木散热器罩制作要点详解

（1）施工准备

木散热器罩施工准备的主要内容见表 7-5。

表 7-5　施工准备的主要内容

名称	主要内容
材料及构配件	①散热器罩制作与安装所使用的材料和规格、木材的燃烧性能等级和含水率及人造板的甲醛含量应符合设计要求和国家现行标准的有关规定。暖气罩制作的龙骨使用木材应符合设计要求； ②木龙骨料及饰面材料应符合细木装修的标准,材料无缺陷,含水率低于 12%,胶合板含水率低于 8%； ③防腐剂、油漆、钉子等各种小五金必须符合设计要求

续表

名称	主要内容
主要机具	手提刨、电锯、机刨、手工锯、手电钻、冲击电钻、长刨、短刨等
作业条件	①散热器安装完毕并验收合格； ②室内顶棚、墙体已做完基层处理，墙面平整

（2）固定式散热器罩安装

固定式散热器罩（图7-8）安装前应先在墙面、地面弹线，确定散热器罩的位置，散热器罩的长度应比散热片长100mm，高度应在窗台以下或与窗台接平，厚度应比散热罩宽10mm以上，散热罩面积应占散热片面积80%以上。

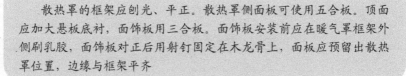

小贴士

散热罩的框架应刨光、平正。散热罩侧面板可使用五合板。顶面应加大悬板底衬，面饰板用三合板。面饰板安装前应在暖气罩框架外侧刷乳胶，面饰板对正后用射钉固定在木龙骨上，面板应预留出散热罩位置，边缘与框架平齐

图7-8   固定式散热器罩安装

在墙面、地面安装线上打孔下木模，木模应进行防腐处理。按安装线的尺寸制作木龙骨架，将木龙骨架用圆钉固定在墙、地面上，木模距墙面小于200mm，距地面小于150mm，圆钉应钉在木模上。

侧面及正面顶部用木线条收口。制作散热罩框，框架应刨光、平正尺寸应与龙骨上的框架吻合，侧面压线条收口，框内可做造型。

（3）活动式散热器罩安装

活动式暖气罩（图7-9）由于搬动方便，可进行维修作业，宽度比固定式散热器罩窄，占用空间少，所以适宜仅在墙面单独包散热器罩而不做其他连体家具时使用。

活动式散热器罩应视为家具制作，根据散热片的长、宽、高尺寸，按长度大于100mm、高度大于50mm、宽度大于15mm的尺寸，预先制作三面有侧板及散热网的罩框，将罩框直接安装在散热片上即可

图 7-9　活动式散热器罩

（4）成品保护

散热器罩木作工程制作完成后，应立即进行饰面处理，涂刷一遍清油后方可进行其他作业。防止在散热器罩附近有锐利工具的施工，以免损坏。

3. 木散热器罩制作施工质量验收

散热器罩表面应平整、洁净、线条顺直、接缝严密、色泽一致，不得有裂缝、翘曲及损坏。散热器罩与墙面、窗框的衔接应严密、顺直、光滑。

散热器罩安装的允许偏差和检验方法应符合表 7-6 的规定。

表 7-6　散热器罩安装的允许偏差和检验方法

项目	允许偏差/mm	检验方法
水平度	2	用 1m 水平尺和塞尺检查
上口、下口直线度	3	拉 5m 线,不足 5m 拉通线,用钢直尺检查
两端距窗洞口长度差	2	用钢直尺检查
两端出墙厚度差	3	用钢直尺检查

四、木制柜制作详解

木制柜（图 7-10）包括大衣柜、电视柜、书柜、酒柜、鞋柜、橱柜等，其结构通常包含了榫接框架、内置置物架、柜门以及背板。

木制柜包括可移动和不可移动两类，不可移动的柜体与墙面固定时，背部需要做防潮措施，否则柜体容易受潮变形

图 7-10　木制柜

1. 木制柜制作基本步骤

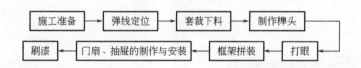

2. 木制柜制作要点详解

（1）施工准备

木制柜施工准备的主要内容见表 7-7。

表 7-7 施工准备的主要内容

名称	主要内容
材料及构配件	①制作与安装木制柜所使用的框架材料的质量、规格、木材的燃烧性能等级和含水率及人造板的甲醛含量应符合设计要求和国家现行标准的有关规定； ②饰面材料应符合细木装修的标准，应使用色差小的材料，并检查板面是否有损坏和瑕疵；收口线条色泽要均匀，没有明显的缺陷； ③防腐剂、油漆、钉子等各种小五金必须符合设计要求
主要机具	手提刨、电锯、机刨、手工锯、手电钻、冲击电钻、长刨、短刨等
作业条件	室内顶棚、墙体已做完基层处理，墙面平整

（2）弹线定位

准备工作就绪后第一步就是弹线定位（图 7-11），固定在墙面上的柜子需要找准水平线，目的是便于以后在施工中有一个明确的基准，使房间整体平直、整齐，避免出现歪斜、高低不平的情况。而后在木料上画出裁切的参考线等。

（3）木制柜套裁下料

按配料表、施工图用铅笔、角尺在板材上画好尺寸，然后使用切割工具裁剪板材和框架，锯成所需要大小长短形状尺寸（图 7-12）。

（4）制作榫头（图 7-13）与打眼

根据榫头的对接位置，在相应的位置上打眼（图 7-14）。

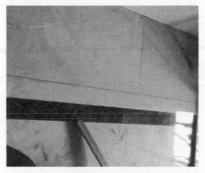

图 7-11　定位弹线与画线

图 7-12　套裁下料

图 7-13　制作榫头

图 7-14　打眼

（5）框架拼装

榫接结构的木制柜，需要打胶后组合基层框架再用气钉固定（图 7-15），框架拼装后检查精度。柜门分隔的地方，为了防止受力不均匀、变形，在做柜内横撑木工板的时候使用双层。

小贴士

接头部分涂满胶，榫眼也需要打胶

小贴士

框架精度检查标准为：垂直度≤2mm，水平≤1mm，翘曲度≤2mm

图 7-15

小贴士

打胶拼斗时，每个角要用角尺测量，保证角度为90°

图 7-15　打胶拼斗

　　框架组合好后，安装侧板和背板，调整各块板之间的位置，柜子的背面采用 9mm（俗称九厘）板加固，用码钉或钢钉固定（图 7-16）。柜内清洁、打磨后安装中间搁板，组装好柜体后用 U 形条进行封边处理，推拉门需要在柜体的顶边和底边都安装好门轨。

　　靠墙面应该做好防潮处理，一般是涂刷防潮漆并加防潮膜。衣柜需离墙 2cm，离地 10cm，需要打地垄铺木地板的房间，离地距离要更高一些（图 7-17）。

　　（6）门扇、抽屉的制作与安装

　　门扇制作如图 7-18 所示，选择木工板开条制作，或者整板交叉开槽。正反面饰面板应挑选整张面板贴面，木纹要顺直、美观；清理门扇的各个面，并检查几何尺寸，相同尺寸的放在一起。

　　抽屉（图 7-19）的高度一般在 120～200mm，用木工板或优质双面板制作框架，底板用 9mm（俗称九厘）板贴三合板；横面木工板切口应采用混油或实木条收口。

小贴士

柜内铺贴实木饰面板时，先对其清洁、打磨后用白乳胶或万能胶粘贴，然后用少量纹钉固定，注意接缝要均匀、整齐

图 7-16　拼板

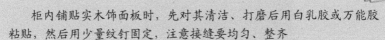

大衣柜底边离地至少10cm

图 7-17　衣柜底边

　　门扇的对角线和四周边的误差应≤4mm。接缝要顺直、清洁，在距离0.5m处看不到明显接缝

　　门扇完成后，需要将其放在平整地面用重物压制，或用木方顶压，不少于3天

图7-18　门扇制作

图 7-19　抽屉制作

　　制作完成后，即可利用铰链、轨道安装门扇和抽屉，最后安装把手等装饰五金（图 7-20～图 7-22）。

　　（7）刷漆

　　木制柜制作完成后，应立即进行饰面处理（图 7-23），如柜体框架先完成，门板无法当天完成，则柜体框架需涂刷一遍清油，而后再进行其他部分的制作，以做好成品保护，避免变形。

图 7-20

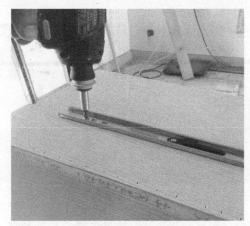

图 7-20　抽屉安装

图 7-21　柜门铰链开孔、安装

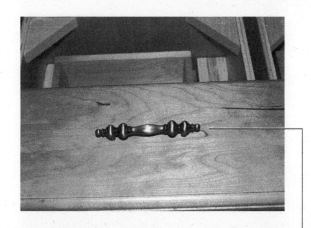

小贴士

　　五金件安装位置要正确、固定稳固、环保；大门扇的碰珠要安在上方，或上下都装，小门扇安在下方；大门扇的拉手安装位置要统一，下口离地面1100～1200mm，完成后要擦去铅笔痕迹

图 7-22　装饰五金安装

图 7-23 木制柜刷漆

（8）橱柜常用尺寸

在木制柜中，橱柜的尺寸是非常重要的，图 7-24 为一例橱柜尺寸，橱柜的常见尺寸见表 7-8。

表 7-8 橱柜的常见尺寸

名称	尺寸
地柜高度	780mm 左右
地柜宽度	与水槽的大小有关，家用的水槽最大尺寸为 470mm×880mm，地柜宽度为 600～650mm 较合适，且美观
台面厚度	包括有 10mm、15mm、20mm、25mm 等
底脚线的高度	底脚的高度一般为 80mm
抽屉滑轨	尺寸包括 250mm、300mm、350mm、400mm、450mm、500mm、550mm 等
多功能柜体拉篮	有 150mm 柜体宽度、200mm 柜体宽度、400mm 柜体宽度和 600mm 柜体宽度的等
灶台拉篮	有 700mm 柜体、800mm 柜体和 900mm 柜体宽度的
消毒柜的规格及所需要的净尺	80L 消毒柜：宽 585mm，高 580～600mm，深 500mm 90L 消毒柜：宽 585mm，高 600mm，深 500mm 100L 消毒柜：宽 585mm，高 620～650mm，深 500mm 110L 消毒柜：宽 585mm，高 650mm，深 500mm
橱柜吊柜尺寸	高度为 500～600mm，深 300～450mm，宽度 1200～3900mm，柜子之间的间隔以不大于 700mm 最佳 吊柜距离地面为 1450～1500mm 橱柜吊柜与操作台之间的距离以 600mm 为最佳

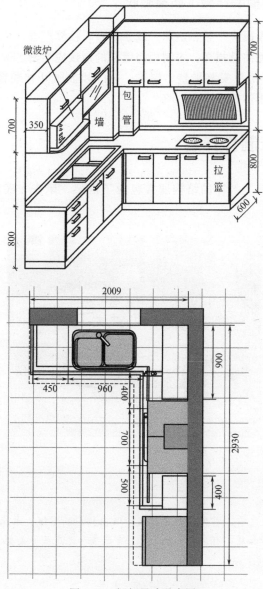

图 7-24　橱柜尺寸示意图

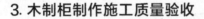

3. 木制柜制作施工质量验收

　　木制柜表面应平整、洁净、线条顺直、接缝严密、色泽一致，不得有裂缝、翘曲及损坏。木制柜与墙面的衔接应严密、顺直，转角处应呈 90°角。把手安装平整、端正，柜门和抽屉开和顺畅、无异响，关闭时可与柜体紧密贴合。

五、木床制作详解

　　木床（图 7-25）的结构通常包含了框架、床头、底部衬板、抽屉等。

　　做木床之前，首先应确定款式，做出相应的图纸。木床可分为带抽屉和不带抽屉、有床尾和无床尾、有床头和无床头等类型

图 7-25　木床

1. 木床制作基本步骤

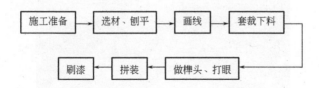

2. 木床制作要点详解

（1）施工准备

木床施工准备的主要内容见表 7-9。

表 7-9　施工准备的主要内容

名称	主要内容
材料及构配件	①制作与安装木床所使用的框架材料的质量、规格、木材的燃烧性能等级和含水率及人造板的甲醛含量应符合设计要求和国家现行标准的有关规定； ②饰面材料应符合细木装修的标准，应使用色差小的材料，并检查板面是否有损坏和瑕疵；收口线条其色泽要均匀，没有明显的缺陷； ③防腐剂、油漆、钉子等各种小五金必须符合设计要求
主要机具	手提刨、电锯、机刨、手工锯、手电钻、冲击电钻、长刨、短刨等
作业条件	室内顶棚、墙体已做完基层处理，墙面平整

（2）选材和画线

如果使用的是实木材料，需要先对材料进行筛选，并对表面进行刨平处理（图 7-26）。根据木床的设计图纸，在木料上进行画线处理，方便裁料。

（3）下料、做榫头及打眼

下料时（图 7-27），通常是先做框架的部分，先下最长的料，而后再下短料。榫接结构的框架，需要制作榫头并在榫头对应的部位打眼，以便连接，步骤与木制柜相同；钉接结构的木床，需要在相应部位打出钉眼，便于上钉（图 7-28）。

小贴士

　　若使用的是实木板材，需要注意含水率的变化对木材带来的影响，可以分多步走，每次都留时间让材料自由变化。最后一次只刨一点点，而且两个面都要刨到，这样水分挥发均匀

图 7-26　选材、刨平

图 7-27 裁切完成的木料

图 7-28 打钉眼

（4）拼装

前面的工序完成后，即可开始进行组装（图7-29），通常是先组装最底部的部分，有腿部的先装腿部，无腿部先装底部框架，而后是立板、抽屉、顶板。拼装时要不断地检查转角处是否为直角。需要涂胶的部分需要注意胶的处理（图7-30）。

图 7-29　木床拼装

（5）刷漆

木床完工后应立刻进行刷漆处理，做好成品保护。如果框架部分先完成，则完成后应立刻刷漆进行保护，而后再做其他部分。

如果在木材末端的地方涂上胶水，效果会很差。此处全是像吸管一样的纤维，会在胶水干之前把它们都吸收掉，牢度会打折扣，可以再组装前先上胶水，等干得差不多把纤维都堵住，再上一次，再组装

图 7-30　涂胶

3. 木床制作施工质量验收

木床表面应平整、洁净、线条顺直、接缝严密、色泽一致，无裂缝、翘曲及损坏。用手用力晃动无声响和摇晃现象，转角处应呈 90°角。装饰五金安装平整、端正，抽屉开合顺畅、无异响。

第八章　手把手教你进行吊顶装修

一、吊顶施工常用工具

吊顶施工的常用工具见表 8-1。

表 8-1　吊顶施工的常用工具

名称	主要内容
曲线锯	曲线锯用于在板材上锯割曲线或是直线
手动电动锯	当安装钢锯片时用于切割木材、铝合金、铜等材料；当安装砂轮锯片时用于各种型钢和石材
型材切割机锯	当安装砂轮时用于切割型钢、饰面转、石材等；当安装合金锯片时，可以切割木材、硬塑料及铝合金等
饰面板台式切割机	饰面板台式切割机用于切割大理石、花岗岩等饰面石材
电动手提式切割机	电动手提式切割机小巧灵活，依切割片形式可切割饰面板、饰面砖及小型型材
手提式电刨机	手提式电刨机可以对木材表面进行刨削加工
手提钻	又称手枪钻，可在金属、塑料、木材等材料上钻孔

续表

名称	主要内容
电动冲击钻	可调节成像普通电钻一样，电动冲击钻也可以调节成能对混凝土、砖墙体进行钻孔
电锤	电锤用于砖、石、混凝土等结构构件上凿孔、开槽、粗糙面等的加工
电动起子机和电动旋凿	电动起子机和电动旋凿用于紧固或是拉螺钉
电动角磨机	电动角磨机用于对普通磨光机磨不到的角部进行磨光
电动砂光机	电动砂光机用于磨光狭窄的地方
风动打钉机	风动打钉机用于将特定的钉子钉入木材中
射钉枪	射钉枪用于将各种射钉打入混凝土墙体中

二、吊顶龙骨施工操作详解

　　龙骨架设是指在房屋装修过程中所进行的龙骨的造型、安装、龙骨表层修饰等分项工程（图 8-1），主要施工环节有主副龙骨安装、石膏板固定、石膏板表层装饰等。

　　龙骨架设工期：龙骨架设工期视龙骨架设实际工程量而定，一般中小户型工期应在5～10天

图 8-1　吊顶龙骨施工操作

主龙骨（图 8-2）：主龙骨指在吊顶中起主要承重作用的龙骨。

主龙骨的主要作用是承受吊顶的主要重力，并为副龙骨的架设提供受力面

图 8-2　主龙骨安装

副龙骨（图 8-3）：副龙骨指在吊顶承重上分散承重的龙骨。

副龙骨的主要作用是分散吊顶承重受力面，并为石膏板的铺设提供受力面

图 8-3　副龙骨的安装

　　石膏板固定（图 8-4）：石膏板是指材质为石膏的吊顶装饰材料，石膏板的固定是指将石膏板按照设计造型进行铺设、安装和固定。

图 8-4　石膏板固定

　　石膏板表层装饰（图 8-5）：石膏板表层装饰是指对已完成安装的石膏板进行表层处理，一般包括石膏板之间的缝隙处理；石膏板表层螺钉裸露部分的防水处理；石膏板表层腻子、乳胶漆的涂刷等。

　　吊顶龙骨施工操作的质量要求如下。

　　① 根据设计图纸比例在顶部弹出吊顶大样图，经设计审核后方可施工。

　　② 木龙骨吊顶，沿顶龙骨固定点间距小于等于 400mm（图 8-6）。每 1000mm 以内用膨胀栓做加固处理（图 8-7），沿墙龙骨固定点间距小于等于 400mm（图 8-8），龙骨方格小于等于 400mm × 400mm（图 8-9），木龙骨截面不小于 30mm × 40mm，造型可采用 9mm（俗称九厘）板或木芯板制作。在封板前对木龙骨做防火处理，防火涂料必须在地面涂好。

图 8-5　石膏板表层装饰

图 8-6　沿顶龙骨固定点间距≤400mm

图 8-7　每 1000mm 以内用膨胀栓做加固处理

图 8-8　沿墙龙骨固定点间距≤400mm

图 8-9　龙骨方格≤400mm×400mm

③ 轻钢龙骨吊顶，主挂件间距 600～800mm，采用直径为 6～8mm 的吊杆，主龙骨间距小于等于 1000mm，主挂件距主龙骨顶端小于等于 300mm，次龙骨间距小于等于 400mm（图 8-10），加强次龙骨间距小于等于 1200mm，封墙需石膏板饰面。

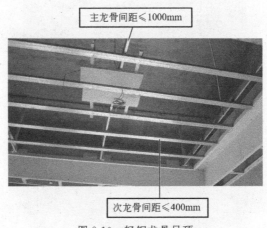

图 8-10　轻钢龙骨吊顶

④ 所有龙骨都应固定牢固，做调平处理时按 1/200mm 起拱，有吊灯的位置需加设吊杆和龙骨框架（图 8-11），吊顶平整度误差 2000mm 以内小于等于 2mm，3000mm 以内小于等于 3mm，5000mm 以内小于等于 5mm。

图 8-11　吊灯位置需加设吊杆和龙骨框架

⑤ 除特殊设计外，面板最好采用纸面石膏板，石膏无法做出的造型可采用其他材料（图 8-12）。固定石膏板螺钉间距小于等于 200mm 均列，距板边 10～15mm（图 8-13），钉帽低于板面 0.5mm。石膏板接头部位做 V 字形 5mm 宽外八字处理，不同行列之间的板块缝隙应做错缝处理（图 8-14）；石膏板经质检验收合格后方可上面板。

面板最好采用纸面石膏板

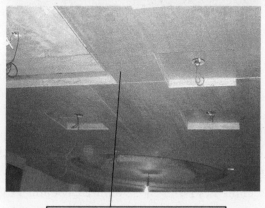

无法做出的造型可采用夹板等材料代替

图 8-12　吊顶封面材料

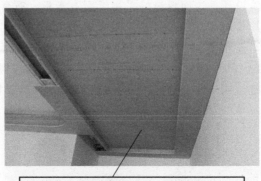

螺钉间距小于等于200mm均列，距板边10～15mm

图 8-13　石膏板螺钉

不同行列之间的板块错缝拼接，可避免开裂现象

图 8-14　石膏板错缝

　　⑥ 隔墙轻钢龙骨，竖向龙骨间距小于等于 400mm，加强龙骨间距小于等于 1500mm（图 8-15）。垂直形变 2000mm 以内小于等于 2mm，3000mm 以内小于等于 3mm。水平形变 2000mm 以内小于等于 2mm，3000mm 以内小于等于 3mm，5000mm 以内小于等于 5mm，比原墙高 3mm。背景墙石膏板隔墙下边用镁制板 100mm。封双面石膏板固定时距地留 10mm 间隙，用以防潮。其他标准同吊顶做法一样。

竖向龙骨间距小于等于400mm
加强龙骨间距小于等于1500mm

图 8-15　隔墙轻钢龙骨

⑦ 厨卫铝扣板或 PVC 吊顶，完工后无明显曲翘，外观整齐（图 8-16）。电器安装预留位置做加固处理，符合电器安装尺寸。

完工后无明显曲翘，外观整齐
电器安装预留位置符合电器安装尺寸

图 8-16　厨卫铝扣板吊顶

三、木吊顶施工操作详解

1. 木吊顶施工操作基本步骤

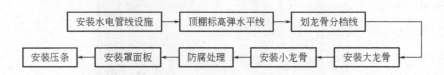

安装水电管线设施 → 顶棚标高弹水平线 → 划龙骨分档线 →

安装压条 ← 安装罩面板 ← 防腐处理 ← 安装小龙骨 ← 安装大龙骨

2. 木龙骨施工操作要点详解

（1）安装管线设施（图 8-17）

在弹好顶棚标高线后，应进行顶棚内水、电设备管线的安装，较重吊物不得吊于顶棚龙骨上。

管线安装，应于龙骨施工前完成

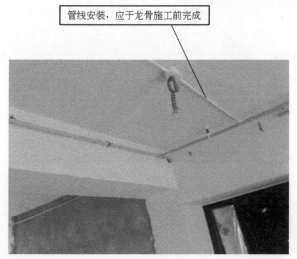

图 8-17　管线设施安装

（2）放线确定标高线

以地坪基准线为起点，根据设计要求在墙（柱）面上量出吊顶的高度（加上一层板的厚度），并在该点画出标高线（作为吊顶龙骨的下皮线）。可用水准仪或"水柱法"测定。

（3）打眼

在墙壁上方确定好吊顶的高度后，用冲击钻在墙顶的水平线上打眼（图 8-18）。

（4）下木楔

木龙骨通常采用木楔加钉来固定（图 8-19），特别要注意垂直受力情况，由于木楔会发生干缩现象，易造成固定不牢。

（5）拼装

木龙骨在吊装前，应在楼（地）面上进行拼装（图 8-20），拼装的面积一般不超过 $10m^2$。龙骨拼装的方法常采用咬口半榫拼接法。

（6）安装大龙骨（图 8-21）

将预埋钢筋弯成环形圆钩，穿 8 号镀锌钢丝或用 $\phi6 \sim \phi8$ 螺栓将大龙骨固定，并保证其设计标高。

钻头大小一般为1.2cm×1.2cm，为了保证龙骨的稳固性，孔眼间距宜保持在30cm左右

图 8-18　打眼

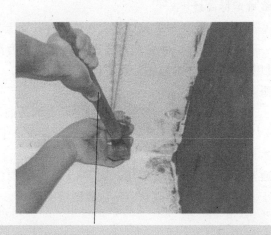

木楔子一般用落叶松做，它的木质结构紧，不易松动

图 8-19　下木楔

其具体做法:在龙骨上开槽,将槽与槽之间进行咬口拼装,槽内涂胶并用钉子固定

图 8-20 拼装

吊顶起拱按设计要求,设计无要求时一般为房间跨度的 $1/300 \sim 1/200$

图 8-21 大龙骨安装

（7）安装小龙骨（图 8-22）

小龙骨间距设计无要求时，应按罩面板规格决定，一般为 400～500mm

图 8-22　安装小龙骨

① 小龙骨底面刨光、刮平、截面厚度应一致。

② 小龙骨间距应按设计要求。

③ 按分档线先定位安装通长的两根边龙骨，拉线后各根龙骨按起拱标高，通过短吊杆将小龙骨用圆钉固定在大龙骨上，吊杆要逐根错开，吊钉不得在龙骨的同一侧面上。通长小龙骨对接接头应错开，采用双面夹板用圆钉错位钉牢，接头两侧各钉两个钉子。

④ 安装卡档小龙骨：按通长小龙骨标高，在两根通长小龙骨之间，根据罩面板材的分块尺寸和接缝要求，在通长小龙骨底面横向弹分档线，以底找平钉固卡档小龙骨。

（8）防腐处理

顶棚内所有露明的铁件，钉罩面板前必须刷防腐漆，木骨架与结构接触面应进行防腐处理。

（9）安装罩面板（图 8-23）

罩面板与木骨架的固定方式为木螺钉拧固法。

　　罩面板的固定方式：在吊顶施工中，很多工人在固定罩面板时，会采用胶粘或者排钉方法，虽然操作简单，但是从固定的效果上看，这两种方式都不是很理想，最好的办法是用自攻螺钉进行固定。相对而言，自攻螺钉能够将罩面板牢固地固定在龙骨上，防止罩面板因为后期的各种因素松动脱落，如热胀冷缩、空气湿度变化等

图 8-23　罩面板安装

3. 常见问题及解决方法

　　木龙骨吊顶施工过程中会出现吊顶变形、开裂（图 8-24）的现象。

　　解决方法：湿度是影响纸面石膏板和胶合板开裂变形最主要的环境因素，不当环境是导致吊顶变形开裂的另一原因。在施工过程中存在来自各方面的湿气，板材吸收周围的水分，而在长期使用中又逐渐干燥收缩，从而产生板缝，开裂变形；在施工中应尽量降低空气湿度，保持良好的通风，尽量等到混凝土含水量达到标准后再施工。尽量减少湿作业，在进行表面处理时，可对板材表面采取适当的封闭措施，如滚涂一遍清漆，以减少板材的吸湿。

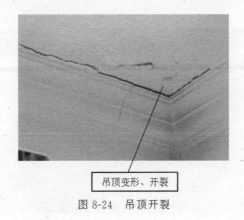

吊顶变形、开裂

图 8-24　吊顶开裂

4. 木龙骨吊顶施工质量验收

① 木龙骨安装要求保证没有劈裂、腐蚀、虫眼、死节等质量缺陷；规格为截面长 30～40mm，宽 40～50mm，含水率低于 10%。

② 龙骨应进行精加工，表面刨光，接口处开槽，横、竖龙骨交接处应开半槽搭接，并应进行阻燃剂涂刷处理。

③ 主龙骨吊点间距、起拱高度应符合设计要求。当设计无要求时，吊点间距应小于 1.2m，应按房间短向跨度 0.1%～0.3%起拱，主龙骨安装后应及时校正其位置标高。吊杆应通直，距主龙骨端部距离不超过 300mm。当吊杆与设备相遇时，应调整吊点构造或增设吊杆。

四、顶棚罩面板安装操作详解

1. 顶棚罩面板安装操作基本步骤

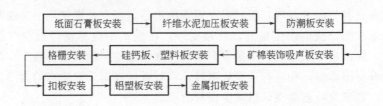

2. 顶棚罩面板安装要点详解

（1）纸面石膏板安装

饰面板应当在自由状态下固定，防止出现弯棱、凸鼓等现象；还应当在棚顶四周封闭的情况下安装固定，防止板面受潮变形。

纸面石膏板（图 8-25）的长边（即包封边）应沿纵向次龙骨铺设。

自攻螺钉与纸面石膏板边的距离，用面纸包封的板边以10～15mm为宜，切割的板边以15～20mm为宜

图 8-25　纸面石膏板安装

固定次龙骨的间距，通常不应大于 600mm，在南方潮湿地区，间距应适当减小，以 300mm 为宜。

钉距以 150～170mm 为宜，螺钉应与板面垂直，已弯曲、变形的螺钉应剔除，并在相隔 50mm 的部位另安螺钉。

在安装双层石膏板时，面层板与基层板的接缝应错开，不得在一根龙骨上。

石膏板的接缝，应当按设计要求进行板缝处理。

（2）纤维水泥加压板安装

龙骨间距、螺钉与板边的距离及螺钉间距等应当满足设计要求和有关产品的要求。

纤维水泥加压板（图8-26）与龙骨固定时，所用手电钻钻头的直径应比选用螺钉的直径小0.5～1.0mm；固定后，钉帽应做防锈处理，并用油性腻子嵌平。

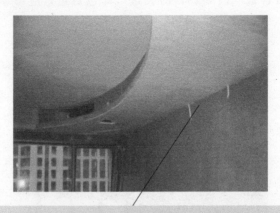

小贴士

用密封膏、石膏腻子或掺界面剂胶的水泥砂浆嵌涂板缝并刮平，硬化后用砂纸磨光，板缝宽度应小于50mm。板材的开孔和切割，应当按产品的有关要求进行

图8-26　纤维水泥加压板安装

（3）防潮板安装

防潮板（图8-27）的长边（即包封边）应当沿纵向次龙骨铺设。

固定次龙骨的间距，通常不应大于600mm，在气候潮湿地区，钉距以150～170mm为宜，螺钉应与板面垂直，已弯曲、变形的螺钉应剔除。

面层板接缝应当错开，不得在一根龙骨上；防潮板的接缝处理同石膏板；防潮板与龙骨固定时，应当从一块板的中间向板的四边进行固定，不得多点同时作业。

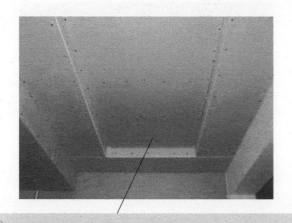

　　自攻螺钉与防潮板板边的距离，以10～15mm为宜。切割的板边以15～20mm为宜

图 8-27　防潮板吊顶安装

　　(4) 矿棉装饰吸声板安装

　　矿棉装饰吸声板（图 8-28）安装时，应注意板背面的箭头方向和白线方向一致，以确保花样、图案的整体性。饰面板上的灯具、烟感器、喷淋头、风口算子等设备的位置应当合理、美观，与饰面的交接应吻合、严密。

　　(5) 硅钙板、塑料板安装

　　硅钙板（图 8-29）、塑料板在安装时，应当注意板背面的箭头方向和白线方向一致，以保证花样、图案的整体性；饰面板上的灯具、烟感器、喷淋头、风口算子等设备的位置应合理、美观，与饰面的交接应吻合、严密。

　　(6) 格栅安装

　　格栅安装如图 8-30 所示。

　　(7) 扣板安装

　　扣板安装如图 8-31 所示。

　　矿棉装饰吸声板的规格通常分为300mm×600mm、600mm×600mm、600mm×1200mm三种。300mm×600mm多用于暗插龙骨吊顶,将面板插于次龙骨上;600mm×600mm及600mm×1200mm规格的,一般用于明装龙骨,将面板直接搁于龙骨上

图 8-28　矿棉装饰吸声板安装

　　硅钙板的规格通常为600mm×600mm,一般用于明装龙骨,将面板直接搁于龙骨上

图 8-29　硅钙板安装

格栅多为方形，规格通常为　100mm×100mm、150mm×150mm等多种，一般用卡具将饰面板板材卡在龙骨上

图 8-30　格栅安装

扣板通常为100mm×100mm、150mm×150mm、200mm×200mm、600mm×600mm等多种方形塑料板，还有宽度为10mm、150mm、200mm、300mm、600mm等多种条形塑料板，通常用卡具将饰面板板材卡在龙骨上

图 8-31　扣板安装

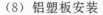

（8）铝塑板安装

铝塑板采用单面铝塑板（图 8-32），根据设计要求，裁成需要的形状，用胶贴在事先封好的底板上，可以根据设计要求留出适当的胶缝。

胶黏剂粘贴时，涂胶应均匀；在粘贴时，应当采用临时固定措施，并应及时擦去挤出的胶液；在打封闭胶时，应当先用美纹纸带将饰面板保护好，待胶打好后，撕去美纹纸带，清理面板

图 8-32 铝塑板安装

（9）金属扣板安装

金属（条、方）扣板安装见图 8-33。条板式吊顶龙骨通常可以直接吊挂，也可以增加主龙骨。主龙骨间距不大于 1000mm，条板式吊顶龙骨形式与条板配套。

3. 顶棚罩面板安装常见质量问题及解决

顶棚罩面板安装常见质量问题及解决方法，见表 8-2。

表 8-2　常见质量问题及解决方法

质量问题	解决方法
吊顶不平	小龙骨安装时标高定位不准。施工时应拉通线，使通长小龙骨按起拱要求，做到标高位置准确

续表

质量问题	解决方法
木骨架固定不牢	大龙骨与吊挂连接,龙骨钉固的方法应符合设计和施工规范的要求
罩面板分块间隙缝不直,宽窄不一致	施工时应注意板块规格,安装位置正确
压缝条、压边条不严密、不平直	施工时应弹位置线,罩面板接缝应平直、压缝条与罩面板紧贴密实

方板吊顶次龙骨分为明装丁形和暗装卡口两种,可以根据金属方板式样选定。次龙骨与主龙骨间用固定件连接。金属板吊顶与四周墙面所留空隙,用金属压缝条与吊顶找齐,金属压缝条的材质宜与金属板面相同

图 8-33 金属扣板安装

4. 顶棚罩面板安装施工质量验收

顶棚罩面板安装施工质量验收的标准和方法见表 8-3。

表 8-3　顶棚罩面板安装施工质量验收的标准和方法

质量标准	检验方法
所有的品种规格、颜色、质量及其骨架构造、固定方法应符合设计要求和质量标准	用眼观察、手扳检查、检验施工记录
吊顶龙骨及罩面板安装必须牢固,外形整齐、美观、不变形、不脱色、不残缺、不折裂	用眼观察、手扳检查、尺量检查
轻骨架不得弯曲变形,纸面板不得受潮、翘曲变形、缺棱掉角、无脱层、无干裂、厚薄一致	用眼观察、尺量检查
已带图案、花饰的罩面板其图案、花饰应统一端正,找缝处花纹图案吻合、压条应保证平直	用眼观察
颜色均匀协调,图案拼接吻合,接缝严密	用眼观察

一、骨架隔墙施工操作详解

　　骨架隔墙是指在隔墙龙骨两侧安装墙面板以形成墙体的轻质隔墙。这一类隔墙主要是由龙骨作为受力骨架固定于建筑主体结构上。

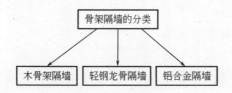

1. 木骨架隔墙施工操作基本步骤

2. 木骨架隔墙施工操作要点详解

（1）施工准备

龙骨和罩面板材料的材质、各种人造板及其制品中甲醛均应符合现行国家标准和行业标准的规定。

罩面板应表面平整、边缘整齐，不应有污垢、裂纹、缺角、翘曲、起皮、色差、图案不完整的缺陷。胶合板、木制纤维板不应脱胶、变色和腐朽。罩面板的安装宜使用镀锌的螺丝、钉子。接触砖石、混凝土的木龙骨和预埋的木砖应做防腐处理，所有木作都应做好防火处理。

（2）弹线

在基体上弹出水平线和竖向垂直线，以控制隔墙龙骨安装的位置、格栅的平直度和固定点。

（3）墙龙骨的安装（图9-1）

沿弹线位置固定沿顶和沿地龙骨，各自交接后的龙骨应保持平直。

固定点间距应不大于1m，边骨的端部必须固定，固定应牢固。边框龙骨与基体之间应按设计要求安装密封条

图9-1　墙龙骨安装

（4）罩面板安装

罩面板安装参见"木龙骨吊顶罩面板安装"的内容。

3. 轻钢龙骨隔墙安装基本步骤

弹线 → 隔墙龙骨的安装 → 罩面板安装 → 铝合金装饰条板安装

4. 轻钢龙骨隔墙安装要点详解

（1）弹线

在基体上弹出水平线和竖向垂直线，以控制隔墙龙骨安装的位置、龙骨的平直度和固定点。

（2）隔墙龙骨的安装

① 沿弹线位置固定沿顶和沿地龙骨，各自交接后的龙骨应保持平直。固定点间距应不大于 1000mm，龙骨的端部必须固定牢固。边框龙骨与基体之间，应按设计要求安装密封条（图 9-2、图 9-3）。

　　当选用支撑卡系列龙骨时，应先将支撑卡安装在竖向龙骨的开口上，卡距为 400～600mm，距龙骨两端的距离宜为 20～25mm；选用通贯系列龙骨时，高度低于 3m 的隔墙安装一道，3～5m 的安装两道，5m 以上的安装 3 道

图 9-2 轻钢隔墙龙骨安装

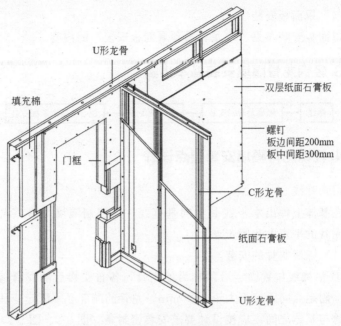

U形龙骨

填充棉

门框

双层纸面石膏板

螺钉
板边间距200mm
板中间距300mm

C形龙骨

纸面石膏板

U形龙骨

图 9-3 轻钢隔墙龙骨安装结构示意

② 隔墙的下端如用木踢脚板覆盖，隔墙的罩面板下端应离地面 20～30mm；如用大理石、水磨石踢脚，罩面板下端应与踢脚板上口齐平，接缝要严密。

（3）铝合金装饰条板安装

用铝合金条板装饰墙面时，可用螺钉直接固定在结构层上，也可用锚固件悬挂或嵌卡的方法，将板固定在轻钢龙骨上，或将板固定在墙筋上。

5. 骨架隔墙施工操作常见质量问题及解决

轻钢龙骨隔墙施工过程中常常出现墙面接缝不严（图 9-4）的现象。

解决方法：纸面石膏板安装时，其接缝处应适当留缝（一般为 3～6mm），并必须坡口与坡口相接，接缝内浮土清除干净后，刷一道 108 胶水溶液；用小刮刀把接缝腻子嵌入板缝，板缝要嵌满嵌实，与坡口刮平。待腻子干透后，检查嵌缝处是否有裂纹产生，如产生裂纹要分析原因，并重新嵌缝；在接缝坡口处刮约 1mm 厚的腻子，然后粘贴玻纤带，压实刮平；当腻子开始凝固又尚处于潮湿状态时，再刮一道腻子，将玻纤带埋入腻子中，并将板缝填满刮平。

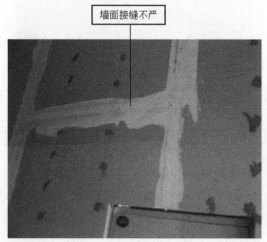

图 9-4 墙面接缝不合格

6. 骨架隔墙施工操作质量验收

① 墙位放线应沿地、墙、顶弹出隔墙的中心线及宽度线，宽度线应与隔墙厚度一致，位置应准确无误。

② 轻钢龙骨的端部应安装牢固，龙骨与基体的固定点间距不应大于 1000mm（图 9-5）。安装沿地、沿顶木楞时，应将木楞两端伸入砖墙内至少 120mm，以保证隔断墙与墙体连接牢固。

③ 安装竖向龙骨应垂直，潮湿的房间和钢板网抹灰墙，龙骨间距不宜大于 400mm。安装支撑龙骨时，应先将支撑卡安装在竖向龙骨的开口方向，卡距在 400～600mm 为宜，距龙骨两端的距离宜为 20～25mm。安装贯通系列龙骨时，低于 3000mm 的隔墙应安装一道，3000～5000mm 高的隔墙应安装两道。如果饰面板接缝处不在龙骨上时，应加设龙骨固定饰面板。

龙骨端部安装应牢固，与基体的固定点间距不应大于1000mm

图 9-5　轻钢龙骨骨架

④ 安装纸面石膏板饰面宜竖向铺设，长边接缝应安装在竖龙骨上（图 9-6）。龙骨两侧的石膏板及龙骨一侧的双层板的接缝应错开安装，不得在同一根龙骨上接缝。轻钢龙骨应用自攻螺钉固定（图 9-7），木龙骨应用木螺钉固定，沿石膏板周边钉的间距不得大于200mm，钉与钉间距不得大于 300mm，螺钉与板边距离应为 10～15mm。安装石膏板时应从板的中部向板的四边固定。钉头略埋入板内，但不得损坏纸面。钉眼应进行防锈处理。石膏板与周围墙或柱应留有 3mm 的槽口，以便进行防开裂处理。

⑤ 安装胶合板饰面前应对板的背面进行防火处理。胶合板与轻钢龙骨的固定应采用自攻螺钉，与木龙骨的固定采用圆钉时，钉距宜为80～150mm，钉帽应砸扁；采用射钉枪固定时，钉距宜为 80～100mm，阳角处应做护角；用木压条固定时，固定点间距不应大于 200mm。

⑥ 骨架隔墙施工质量验收时，还应符合表 9-1 的规定。

表 9-1　骨架隔墙工程质量验收

名称	合格标准	检查方法
填充材料及嵌缝材料检查	骨架隔墙所用龙骨、墙面填充材料及嵌缝材料的品种规格性能和木材的含水率应符合设计要求，有隔声、隔热。阻燃、防潮等特殊要求的工程材料应有相应性能等级的检测报告	观察检查产品合格证书、进场验收记录性能检测报告和复验报告

续表

名称	合格标准	检查方法
基体连接检查	骨架隔墙工程边框龙骨必须与基体结构连接牢固并应平整垂直、位置准确	手摸检查、尺量检查和检查隐蔽工程验收记录
隔墙表面检查	骨架隔墙表面应平整光滑、色泽一致、无裂缝、接缝应均匀顺直	观察手摸检查
隔墙内填充材料密实检查	骨架隔墙内的填充材料应干燥,填充密实、均匀、无下坠	轻敲检查、检查隐蔽工程验收记录

纸面石膏板的长边接缝应安装在竖龙骨上

图 9-6 石膏板安装

轻钢龙骨应用自攻螺钉固定

图 9-7 螺钉固定

二、板材隔墙施工

板材隔墙是指不需设置隔墙龙骨,由隔墙板材自承重,将预制或现制的隔墙板材直接固定于建筑主体结构上的隔墙工程。

板材隔墙(图 9-8)有纤维板隔墙、胶合板隔墙、刨花板隔墙、木丝板隔墙等。板材隔墙由木骨架、罩面板及门窗等部分构成。板材隔墙的木骨架与板条隔墙的骨架基本相同,只是横筋水平放置而已。

小贴士

　　板材隔墙的覆面板有胶合板、纤维板、刨花板、木丝板、宝丽板、中密度刨花板等

图 9-8　板材隔墙

1. 板材隔墙施工操作基本步骤

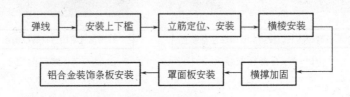

弹线 → 安装上下槛 → 立筋定位、安装 → 横棱安装

铝合金装饰条板安装 ← 罩面板安装 ← 横撑加固

2. 板材隔墙施工操作要点详解

（1）弹线

施工时应先在地面、墙面、平顶弹闭合墨线。

（2）安装上下槛

用铁钉、预埋钢筋将上、下槛（图 9-9）按墨线位置固定牢固，当木隔墙与砖墙连接，上、下槛须伸入砖墙内至少 12cm。

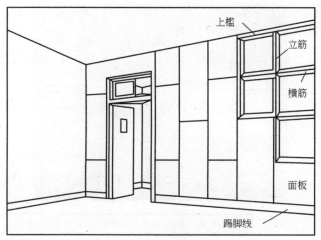

图 9-9 上、下槛安装示意

（3）立筋定位、安装

先立边框墙筋，然后在上、下槛上按设计要求的间距画出立筋位置线，其间距一般为 40~50cm。如有门口，其两侧需各立一根通天立筋，门窗樘上部宜加钉"人"字撑。立撑之间应每隔 1.2~1.5m 加钉横撑一道。隔墙立筋安装应位置正确、牢固。

（4）横棱安装

横棱须按施工图要求安装，其间距要配合板材的规格尺寸。横棱要水平钉在立筋上，两侧面与立筋平齐。如有门窗，窗的上、下及门上应加横棱，其尺寸比门窗洞口大 2~3cm，并在钉隔墙时将门窗同时钉上。

（5）横撑加固

隔墙立筋不宜与横撑垂直，而应有一定的倾斜，以便楔紧和钉钉，因而横撑的长度应比立筋净空尺寸长 10~15mm，两端头按相反方向稍锯成斜面。

（6）罩面板安装

罩面板材（图 9-10）用圆钉钉于立筋和横筋上，板边接缝处宜做成坡棱或留 3~7mm 缝隙。

纵缝应垂直，横缝应水平，相邻横缝应错开

图 9-10　罩面板安装

3. 板材隔墙施工操作质量验收

① 墙位放线应准确、清晰。隔墙上下基层应平整、牢固。

② 板材隔墙安装拼接应符合设计和产品构造要求，安装时应采用简易支架。

③ 在板材隔墙上开槽、打孔应使用云石机切割或电钻钻孔，不得直接剔凿和用力敲击。

④ 板材隔墙施工质量验收时，还应符合表 9-2 的规定。

表 9-2　板材隔墙工程质量验收

名　称	合格标准	检查方法
隔墙板材检查	隔墙板材的品种规格、性能、颜色应符合设计要求，有隔声、隔热、阻燃、防潮等特殊要求的工程板材应有相应性能等级的检查报告	观察检查产品合格证书、进场验收记录和性能检查报告
预埋件、连接件检查	安装隔墙板材所需预埋件、连接件的位置数量及连接方法应符合设计要求	观察、手摸检查
接缝材料检查	隔墙板材所用接缝材料的品种及接缝方法应符合设计要求	观察检查产品合格证书和施工记录

续表

名称	合格标准	检查方法
板材隔墙表面检查	板材隔墙表面应平整、光滑、色泽一致、无裂缝、接缝应均匀顺直	观察手摸检查
隔墙内填充材料密实检查	板材隔墙内的填充材料应干燥,填充密实、均匀、无下坠	轻敲检查、检查隐蔽工程验收记录

三、活动隔墙施工

活动隔墙是指推拉式活动隔墙、可拆装的活动隔墙等。活动隔墙一般由滑轮、导轨和隔扇构成,其所用的墙板、配件材料与工具的要求同其他板材隔墙和骨架隔墙等所用的材料与工具要求。

1. 活动隔墙安装操作基本步骤

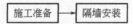

施工准备 → 隔墙安装

2. 活动隔墙安装操作要点详解

① 施工准备的具体内容见表 9-3。

表 9-3　活动隔墙的施工准备

名称	内容
放线、找规矩	在地面、墙面及顶面根据设计位置弹好隔墙边线
隔扇制作	计算并量测洞口上部及下部尺寸,按此尺寸配板。当板的宽度与隔墙的长度不相适应时,应将部分隔墙板预先拼接加宽(或锯窄)成合适的宽度,然后组装。有缺陷的板应修补。胶黏剂要随配随用。配制的胶黏剂应在 30min 内用完。隔扇接缝要黏结良好。一般居室墙面隔扇,直接用石膏腻子刮平,打磨后再刮第二道腻子,再打磨平整,最后做饰面层
预埋连接铁件	沿已经弹好的边线,按照设计要求分别埋设连接铁件

② 隔墙安装的步骤及内容见表 9-4，安装顺序如下所示。

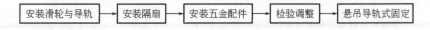

安装滑轮与导轨 → 安装隔扇 → 安装五金配件 → 检验调整 → 悬吊导轨式固定

表 9-4　隔墙安装的具体内容

名称	内容
安装滑轮与导轨	按照设计要求，直接把导轨与滑轮与墙体上的预埋铁件焊牢，焊接处需做防锈处理。当墙体上没有预埋铁件时，用射钉将轨道与滑轮固定在梁或板上
安装隔扇	隔扇应在洞口墙体表面装饰完工验收后安装。将配好的隔扇整体安入导轨滑槽，调整好与扇的缝隙即可
安装五金配件	选准五金配件的规格型号后，用螺钉与隔扇及导轨连接，安装五金配件应结实牢固，使用灵活
检验调整	待安装完毕后，按活动隔墙的检验要求进行检验，保证安装牢固、位置正确，推拉安全、平稳、灵活
悬吊导轨式固定	悬吊导轨式固定方式，是在隔板的顶面安设滑轮，并与上部悬吊的轨道相连，如此构成整个上部支撑点，滑轮的安装应与隔板垂直，并保持能自由转动的关系，以便隔板能随时改变自身的角度。在隔板的下部不需设置导向轨，仅对隔板与楼地面之间的缝隙采用适当方法予以遮盖

3. 活动隔墙安装操作质量验收

活动隔墙工程质量验收应符合表 9-5 的规定。

表 9-5　活动隔墙工程质量验收

名称	合格标准	检查方法
隔墙板材检查	隔墙板材的品种规格性能颜色应符合设计，要求有隔声、隔热、阻燃、防潮等特殊要求的工程板材应有相应性能等级的检查报告	观察检查产品合格证书、进场验收记录和性能检查报告
预埋件、连接件检查	安装隔墙板材所需预埋件、连接件的位置数量及连接方法应符合设计要求	观察、手摸检查
接缝材料检查	隔墙板材所用接缝材料的品种及接缝方法应符合设计要求	观察检查产品合格证书和施工记录

续表

名称	合格标准	检查方法
板材隔墙表面检查	活动隔墙表面应平整光滑、色泽一致、无裂缝、接缝应均匀顺直	观察、手摸检查
隔墙内填充材料密实检查	活动隔墙内的填充材料应干燥、填充密实、均匀、无下坠	轻敲检查、检查隐蔽工程验收记录

四、玻璃隔墙施工

玻璃隔墙（图 9-11）是一种到顶的，可完全划分空间的隔断。专业型的高隔断间，不仅能实现传统的空间分隔功能，而且有采光好、隔音、防火、环保、易安装等特点。玻璃隔墙可重复利用、可批量生产，在这方面上明显优于传统隔墙。下面以玻璃板隔墙施工为例进行解读。

图 9-11　玻璃隔墙

1. 玻璃隔墙施工操作基本步骤

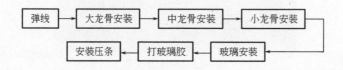

2. 玻璃隔墙施工操作要点详解

（1）弹线

根据楼层设计标高水平线，顺墙高量至顶棚设计标高，沿墙弹隔断垂直标高线及天地龙骨的水平线，并在天地龙骨的水平线上画好龙骨的分档位置线。

（2）大龙骨安装

大龙骨安装的内容见表9-6。

表9-6　大龙骨安装的内容

项目	安装内容
天地龙骨安装	先根据设计要求固定天地龙骨，如无设计要求时，可以用 $\phi 8 \sim \phi 12$ 膨胀螺栓或 $10 \sim 16cm$ 钉子固定，膨胀螺栓固定点间距 $600 \sim 800mm$。安装前做好防腐处理
沿墙边龙骨安装	根据设计标高固定边龙骨，边龙骨应启抹灰收口槽，如无设计要求时，可以用 $\phi 8 \sim \phi 12$ 膨胀螺栓或 $10 \sim 16cm$ 钉子固定，固定点间距 $600 \sim 800mm$。安装前做好防腐处理

（3）中龙骨安装

中龙骨安装（图9-12），根据设计要求按分档线位置固定中龙骨，用13cm的铁钉固定，龙骨每端固定应不少于3颗钉子，用钢龙骨专用卡具或拉铆钉固定，必须安装牢固。

图9-12　中龙骨安装

（4）小龙骨安装

根据设计要求按分档线位置固定小龙骨，用扣榫或钉子固定，必须安装牢固。安装中龙骨前，也可以根据安装玻璃的规格在小龙骨上安装玻璃槽。

（5）玻璃安装

① 根据设计要求将玻璃按规格安装在小龙骨上。

② 如用压条安装时，先固定玻璃一侧的压条，并用橡胶垫垫在玻璃下方，再用压条将玻璃固定。

③ 如用玻璃胶直接固定玻璃，应将玻璃先安装在小龙骨的预留槽内，然后用玻璃胶封闭固定。

（6）打玻璃胶（图9-13）

打胶前，应先将玻璃的注胶部位擦拭干净，晾干后沿玻璃四周粘上纸胶带，根据设计要求将玻璃胶均匀地打在玻璃与小龙骨之间。待玻璃胶完全干燥后撕掉纸胶带。

图 9-13　打玻璃胶

（7）安装压条

根据设计要求将各种规格材质的压条，用直钉或玻璃胶固定在小龙骨上，钢龙骨用胶条或玻璃胶固定。

3. 玻璃隔墙施工操作质量验收

① 注意玻璃的运输和保管。运输中应轻拿轻放，侧抬侧立并互相绑牢，不得平抬平放。堆放处应平整，下垫 100mm×100mm 木方，板应侧立，垫木方距板端 50cm。

② 安装木龙骨及玻璃时，应注意保护顶棚、墙内已安装好的各种管线；木龙骨的天龙骨不准固定在通风管道及其他设备上。

③ 所用机电器具必须安装漏电保护装置，每日开机前检查其工作状态是否良好，发现问题及时修理、更换。使用时遵守操作规程，非操作人员不得乱动机具，以防伤人。

④ 活动隔墙工程质量验收应符合表 9-7 的规定。

表 9-7　活动隔墙工程质量验收

名称	合格标准	检查方法
玻璃隔墙材料检查	玻璃隔墙施工所用材料的品种规格性能应符合设计要求，玻璃板隔墙应使用安全玻璃	观察检查产品合格证书、进场验收记录和性能检测报告
安装方法检查	玻璃隔墙的砌筑或玻璃板隔墙的安装方法应符合设计要求	观察检查
预埋件检查	玻璃砖隔墙砌筑中预埋的拉结筋必须与基体结构连接牢固并应位置正确	手摸检查、尺量检查和检查隐蔽工程验收记录
玻璃隔墙表面检查	玻璃隔墙表面应色泽一致、平整洁净、清晰美观	观察检查
玻璃隔墙接缝检查	玻璃隔墙接缝应横平竖直，无裂痕缺损和划痕	观察检查
玻璃隔墙嵌缝检查	玻璃板隔墙嵌缝及玻璃砖隔墙勾缝应密实平整、均匀顺直、深浅一致	观察检查

第十章　手把手教你制作家居小摆件

一、教你制作衣帽架

简洁的衣帽架（图 10-1）非常实用，是家庭常用的一种木制构件，而且只需要非常少的材料和基本工具就可以制成，通常都是采用其他家具用剩的尾料来制作的。衣帽架也是最简单的一种榫接构件，非常适合木工新手练习。

图 10-1　简洁的衣帽架

1. 制作衣帽架所用的工具和材料

制作衣帽架所用的工具和材料如下。

松木板	开榫锯
直角尺	短刨
画线器	锉刀
手电钻	砂纸
凿子	铅笔
刨子	木胶及刷子

2. 衣帽架制作操作要点详解

（1）在木板上标出榫眼位置

① 将木板切割至标准尺寸。

② 沿木板宽中心画一条与木板长相等的直线，然后对应等分该直线，标出每个挂钩榫眼的中心点。

③ 用铅笔在中心点两侧6mm处画两条与板宽平行的垂直线，标记为榫眼的宽度。

④ 将画线器设置为35mm宽，沿木板长边画与垂直线相交的直线，标记出每个榫眼的长度位置。

⑤ 在标记好的榫眼处用电钻钻孔，然后用凿子将榫眼清理干净。

⑥ 将木板固定在工作台上，用刨子对木板边缘进行倒角。

（2）画出挂钩的形状

① 利用废角料切割出挂钩毛料块。

② 沿每块挂钩料端面向上20mm处标记榫头的肩部，沿挂钩料四面画线，标记为榫头的肩线。

③ 将画线器设置成7.5mm宽，在挂钩料端面的短边画线并延长，与肩线相交。

④ 将画线器设置成5mm宽，在挂钩料端部的长边画线并延长，与肩线相交。

⑤ 沿肩线往内6mm处做标记点，然后从挂钩料另一端面的顶部角对着标记点画线，用铅笔标记出需要切割的部分（图10-2）。

图 10-2　梯形榫头

（3）切出榫头

① 用开榫锯将榫头沿之前画的线切至肩线处，然后沿肩线横切。

② 用砂纸将各个切割面打磨光滑并倒角。

③ 用锉刀处理掉未开榫一侧的尾部尖角。

④ 将挂钩料榫头以上部分进行旋切，加工成圆形，并打磨光滑。

（4）固定挂钩并上油

① 将榫头试装一遍，没有问题后，在榫头部分涂胶，插入榫眼固定并清理溢出的胶水。

② 待胶水凝固后，用短刨将木板后方多余的榫头刨平。

③ 将挂钩上一层木蜡油，静置干燥后即可。

二、教你制作酒架

木制酒架构造简单，而且需要的工具和材料也比较少，非常适合进行练手学习。一般木制酒架可以采用圆木榫钉的方式进行连接。图 10-3 所示为一自制酒架。

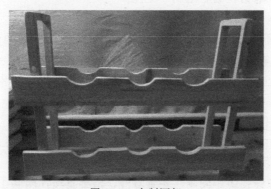

图 10-3　自制酒架

1. 制作酒架所用的工具和材料

制作酒架所用的工具和材料如下。

方木	量角器
木板	弓锯
圆木榫钉	砂纸
组合直角尺	固定夹
手电钻及钻头	木工胶
铅笔	刷子

2. 酒架制作操作要点详解

（1）做框架

① 选用截面 20mm×20mm 的木条作为框架边，切割为 400mm 长，或者选用合适的板材开料。

② 准备一些直径 10mm、长 20mm 的圆木榫钉。

③ 在框架长边一端标记出横杆的宽度。

④ 在框架木条标记出宽度的区域，画两条对角线，即可标出圆心。

⑤ 用手电钻在圆心出钻一个孔。

⑥ 在框架横杆端面，用同样的方法钻孔。

⑦ 将框架木条与横杆通过圆木榫钉进行预拼装，调整孔眼，直到框架固定牢固、方正。

⑧ 在孔内和圆木榫钉上涂上木工胶，对框架进行组装。

⑨ 清理多余的木工胶，静置待木工胶完全凝固。

（2）制作架板圆槽

① 将 15mm 厚的木板在台桌上切割成 505mm×60mm 的架板，共切割 4 块。

② 沿架板长边中间画一条垂直线，沿垂直线往两侧 115mm 的位置各画一根与中线平行的垂直线，然后沿三条垂直线各往两侧 27.5mm 的位置，再画两根平行线。将所画的 9 根垂直线对应延伸至架板的另一侧。

③ 用量角器在每一组垂直线沿架板边画出统一的弧线。

④ 将架板用桌钳夹住，然后用弓锯顺着画好的弧线粗切出酒架

圆槽。

⑤ 用粗砂纸将圆槽精准打磨至弧线上。

（3）制作榫钉孔

① 将架板与框架进行预拼。第一块架板下沿与框架最下面横杆的上沿平齐，第一块架板上沿与第二块架板下沿的距离和第二块架板的上沿与框架最上面横杆下沿的距离相等。

② 按照预拼在框架上标注出架板的水平线，同时在架板上标注出框架的垂直线。

③ 在框架标注的水平线往内 15mm 处各画一条水平线。

④ 沿框架边画一条中心线，与步骤③所画水平线的相交点即为榫钉孔圆心。

⑤ 用钻头在交叉点钻出 10mm 深的榫钉孔。

⑥ 按照同样的步骤，在架板上钻出对应的榫钉孔。

（4）组装

① 在每块架板上插入原木榫钉，然后将架板试安装到框架上，微调孔眼，直到拼装牢固、方正。

② 将所有部件拆下，用砂纸打磨部件的粗糙部位及需要倒角的地方。

③ 在榫钉孔和榫钉上涂抹木工胶，将酒架拼装牢固。

④ 用夹具固定酒架，直到木工胶完全凝固。

⑤ 上木蜡油，静置干燥即可。

三、教你制作书架

书架制作起来并不复杂，同时还可以体验卯榫结构的应用。自己动手制作木制书架（图 10-4）一般可采用木楔加固卯榫结构来达到美观效果并保证结构强度。卯榫结构用木楔加固可以不使用

图 10-4　自制书架

木工胶，不仅牢固可靠，而且非常环保。

1. 制作书架所用的工具和材料

制作书架所用的工具和材料如下。

实木板	斜凿
密度板	划线器
台锯	直角尺
电木铣	圆规
带锯或弓锯	铅笔
手电钻	螺丝刀
平刨	砂纸
手工刨	木蜡油
短刨	刷子

2. 书架制作操作要点详解

（1）侧板和架板开料

① 按准备制作的书架高度尺寸初步裁切侧板和架板，如图 10-5 所示。

图 10-5　板材切割

② 用平刨或手工刨将侧板和架板表面刨平。

（2）制作侧板模板

① 将侧板放到密度板（也可以用其他硬质板代替）上，按侧板某一个角对齐，然后在密度板上画出侧板的轮廓线。在密度板的一角用圆规沿角顶部的位置画出一个曲面。

② 用带锯切出模板，或用弓锯切除废弃的区域。

③ 清理模板边缘，用短刨刨光直边，并用砂纸将表面打磨光滑。

（3）切割侧板

① 比对着模板使用带锯对两块侧板进行进一步切割。

② 将模板压在侧板下方，用调整好的电木铣和带轴承的铣刀顺着模板的边缘进行铣切。

③ 在对侧板进行切割时，一定要顺着木纹方向进行切割，避免侧板出现裂纹。

（4）制作架板槽

① 在侧板上根据使用习惯，用直角尺和铅笔标记出每一层架板的位置，如图 10-6 所示。

图 10-6 标记架板位置

② 板槽的宽度一般比架板略宽一些，并标记出板槽的长度。

③ 使用直边的物体作为导轨，用电木铣削切出 3mm 深的槽口，铣刀不能宽于板槽。

④ 铣削完后，用斜凿将槽口凿修方正。

⑤ 在槽口背部正对位置，画出对应的槽口线（即在侧板外侧画对应板槽线）。

⑥ 使用画线器，顺着板槽，沿侧板边向内 10mm 处，标记出长度 20mm 的榫眼。

⑦ 在侧板外侧对应位置也画出榫眼位置。

⑧ 用手电钻在标记好的榫眼处钻孔，形成初步的榫眼。

⑨ 用凿子将榫眼凿修方正，如图 10-7 所示。

图 10-7　凿榫眼

（5）制作榫头和木楔

① 将画线器设置为 18mm 宽，沿架板的两侧端面画线，标出榫头的厚度。

② 画线器设置成 22mm，沿架板两端画线，标出榫头的长度。

③ 建议用电木铣在架板的两端切出 2mm 深度的肩部，设置一个

导轨，这样切割时更精确。

④ 用铅笔在侧板上画出榫头的宽度。

⑤ 使用带锯或者弓锯沿画线切出榫头，如图 10-8 所示。

⑥ 使用小开榫锯将用作木楔的木皮切至 27mm 长。

⑦ 从木楔的一侧边缘向内 5mm 处画线。

⑧ 用凿子从标线处顺着长边向下削切木楔以形成斜面。

（6）切割并安装顶部背板

① 用画线器沿背板长边向内 10mm 处画线，并延伸长至背板短边的 1/2 处。

② 将画线器宽度设置成背板厚度的一半，然后在端面沿长边画线。

③ 将电木铣的深度设置为背板厚度的一半，然后铣切出背板肩部，或者使用凿子凿出肩部。

图 10-8　直榫头

④ 将背板与侧板进行拼装，在侧板上画出背板预计安装的位置轮廓线。

⑤ 将电木铣深度设置成与背板肩部厚度等宽，然后沿轮廓线铣削出企口。

⑥ 用凿子将铣削好的企口凿修方正。

（7）组装

① 先预拼装书架所有部件，试一试各部件榫接是否良好，有无需要调整的地方。

② 背板预拼好后，沿侧板一侧，在企口宽度的中间画出两个固定用螺丝孔的位置。

③ 用手电钻钻出螺丝孔。

④ 将书架所有构件表面进行最终打磨处理，然后进行最终组装，嵌入木楔，上螺丝钉。

⑤ 对书架上两层木蜡油，静置干燥即可。

四、教你制作镜框

镜框（图10-9）的制作原料非常简单，但是操作起来却不容易。木作镜框既有直角榫接工艺，也有斜接工艺，相对而言，斜接工艺应用得比较多，包括镜框、箱子、裙板等。

图10-9 自制镜框

1. 制作镜框所用的工具和材料

制作镜框所用的工具和材料如下。

胡桃木板	斜凿
胶合板	组合直角尺
划线器	直尺
肩刨	砂纸
铣床（刀）	电钻
斜切锯	木工胶及刷子
刨子	木蜡油
45°斜刨板	固定件

2. 镜框制作操作要点详解

（1）切割框架

① 将画线器设置到 6mm，沿框架长边的任意一面（暂定为 A 面，如图 10-10 所示）画线，然后在相邻一面 B 面沿框架边画 13mm 线。用电木铣铣出安装镜子与背板的卡槽，并用凿子精修卡槽阴角成 90°。

② 卡槽完成后，在 B 面开槽边向内 10mm 处画一条线；在 B 面相邻面 C 面（即 A 面的对面），沿外侧向 B 面方向 10mm 处，画一条线。

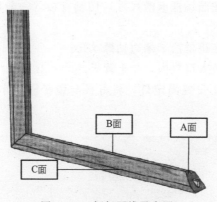

图 10-10　框架画线示意图

③ 沿画的两条线切除废料部分，使框架形成斜面。

④ 将框架斜面朝上，用组合直角尺在两端各画出 45°斜线，然后使用斜切锯或者斜接块引导将斜角切除。

⑤ 将每块框架放置在一块 45°斜刨板上进行精修面。

（2）标榫眼

① 将画线器设置成 14mm 宽度，在框架 45°斜面画线。

② 从框架斜面底往上 10mm 处，沿画线标出榫眼的长度，设置为 15mm 左右。

（3）安装榫眼和榫舌

① 用斜凿在框架斜面榫眼处凿出 10mm 左右深的榫眼。

② 切好 4 块边长 6～10mm 的方形胶合板榫舌，插入每个框架的

一处榫眼。

③ 在榫眼处抹一定的木工胶，然后将所有镜框架拼装成整体。

④ 用腰带夹将镜框紧固（如果没有专用腰带夹，也可以用宽窄合适的布条沿镜框四边包裹，并打结固定），放置 12 小时以上。

（4）表面上木蜡油

① 待木工胶干后，将镜框固定在工作台上，用砂纸对镜框表面进行打磨。

② 镜框表面打磨光滑后，上两层木蜡油，静置待木蜡油干燥。

（5）安装背板与镜子

① 用台锯按照镜框卡槽尺寸，切割背板（一般用胶合板即可），并打磨。

② 用电钻在镜框沿卡槽边钻螺丝孔。

③ 将镜子放入镜框内，扣上背板。

④ 沿螺丝孔安装固定件，将背板与镜子固定牢固，如图 10-11 所示。

图 10-11　安装固定件

五、教你制作壁橱

体积较小的壁橱（图 10-12）可以放在厨房或者浴室作为储物

柜。壁橱体积虽小，但是结构包含了榫接的框架、内置槽接置物架、门铰接，还需掌握背板的制作与安装，可以当做是柜子家具的基本单元构成。

图 10-12 自制壁橱

1. 制作橱柜所用的工具和材料

制作橱柜所用的工具和材料如下。

橡木板	画线器
密度板	直角尺
平刨或者手工刨	铅笔
电木铣	螺丝刀
开榫锯	锤子
弓锯	砂纸
斜凿	木工胶
手电钻	刷子

2. 制作橱柜操作要点详解

（1）开料

① 挑选合适的木板，按照预设的尺寸进行初步切割，包括上下

两块封板、左右两块侧板以及壁橱中的架板、门板。

② 用平刨或手工刨将切割好的板料表面刨平、精修。

③ 选用密度板作为壁橱背板，按照尺寸进行切割。

（2）做直榫

① 将画线器设置为 20mm，沿着侧板和封板的端头画线，画出肩部的位置。

② 沿板材宽进行等分，并画线延长至板面与肩线相交。

③ 用铅笔标记出需要切割的废料区，从板材边开始，间隔标记。

④ 将板材用桌钳固定，使用小开榫锯沿标记的区域进行开榫切割。

⑤ 使用弓锯将将切割后的废料区域切除，形成初步的直榫槽。

⑥ 也可以使用带锯在标注区域进行直切，然后用斜凿将废料凿除。

⑦ 用斜凿对槽口底部进行精修处理。

⑧ 将四块板的直榫槽都切割好后进行试拼，对不合适的区域进行微调，确保直榫接合紧密、牢固，如图 10-13 所示。

图 10-13　榫接试拼

（3）做架板榫槽

① 在两块侧板内侧，按照使用要求，用铅笔标出架板位置，画

出板架上边线即可。

② 然后沿位置线向下平移画出与板厚宽度相同的线，如图 10-14 所示。

图 10-14　画架板榫槽线

③ 从侧板任意一边，沿画出的两条线往内标记出 30mm 左右，作为架板槽口长度的终点。

④ 将画线器宽度设置为 10mm，在侧板边画出槽口深度。

⑤ 利用凿子开榫槽，并修整槽口表面。

（4）开架板榫肩

① 用画线器在架板两端向内 5mm 处，标出 10mm 宽的点位。并在架板面画线，标出榫肩。

② 使用小开榫锯进行初步切割，再用斜凿修整表面至画线处。

③ 试拼装架板，对不合适的部位进行调整，如图 10-15 所示。

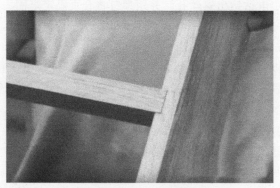

图 10-15　试拼架板

（5）组装框架

① 试拼装壁橱侧板、封板、架板，并调整不合适的部位，确保连接紧密、牢固、方正。

② 拼装合适后，拆除构件，对榫接部位上木工胶。

③ 重新组装所有构件，调整框架方正后，利用固定夹进行固定，直到木工胶彻底凝固。

（6）安装背板

① 在电木铣上安装带轴承的槽口铣刀，深度设置为4mm，宽度为10mm，顺着框架内侧铣削出槽口。

② 用斜凿对转角处进行修整，确保转角平整、方正。

③ 安装背板，并在背板与框架相交处，沿框架边缘向内5mm处各固定一个镶板钉。

（7）安装合页

① 在框架一侧画出合页位置，可以设置为沿框架边向内50mm处。

② 将合页画线延长至侧板的外侧面。

③ 将画线器的宽度设置为合页厚度，在刚才标记的侧板外侧合页长度线之间画出合页厚度。

④ 用凿子凿除合页槽，并修整表面。

⑤ 将合页放入槽内，标记出螺丝孔位置。

⑥ 用手电钻钻出螺丝孔，并用螺钉将合页固定牢固。

⑦ 用同样的方法，在门板内侧画出合页位置与厚度，然后将合页的副翼安装在柜门上。

⑧ 门板合页槽开好后，先不固定螺钉，预拼一下，看看门缝大小合不合适、高低是否有错位，确定无误后，再钻螺丝孔并固定牢固。

（8）打磨上漆

① 对壁橱表面用砂纸进行打磨。

② 上两遍木蜡油后静置干燥。

六、教你制作小凳子

木制小凳子（图 10-16）的结构比较简单，属于基础的榫卯结构，只要简单的工具和材料就可以动手制作，而且非常实用。

图 10-16　木制小凳子

1. 制作小凳子所用的工具和材料

制作小凳子所用的工具和材料如下。

木板	开榫机
台钻	手钻
平压刨	画线器
桌夹	铅笔
带锯	直尺
弓锯	角度尺
凿子	砂纸
手工刨	刷子
榫规	木工胶

2. 小凳子制作操作要点详解

（1）开料

① 一般做个小凳子可以根据现有的木板开料，柚木、橡木板都可以，厚度大概在 30mm 左右即可。

② 根据预定尺寸，将凳面、凳腿以及横档切割好毛料。

③ 将毛料过平压刨修方正。木料修方正后，对后期的进一步加工有很大的帮助，因此一定要修好，如图 10-17 所示。

图 10-17　木料修方正

（2）拼凳面

① 沿凳面侧面画中线，在两端往里 30mm 处标点，作为两端点榫眼。

② 在两端榫眼中间段，按照 50～70mm 的间距进行等分，画好点，作为中间段榫眼。

③ 将另外一块板比对在一起，标注对应段榫眼位置。

④ 用桌夹固定凳面，使用台钻开榫眼，一般设定 10mm 的深度。

⑤ 插入圆榫钉，将凳面预拼、修整，直到拼接牢固、方正。

⑥ 拆除榫钉，将榫眼注入木工胶，再插入圆榫钉进行拼接（图 10-18），然后用固定夹固定，擦去多余的木工胶后，静置直到木工胶完全凝固。

（3）斜切凳腿

① 用量角器沿凳腿端面一角画一条斜线，角度可以控制

在 5°～10°。

②　用带锯或者弓锯沿画线初步切割，再用手工刨精修切割面，如图 10-19 所示。

（4）制作凳腿榫眼

①　在每块凳腿的末端内侧标画出榫眼长度，一般可以设定为 50mm，并将线延长至整面，形成榫眼的长度。

②　在凳腿中心位置画出榫眼的宽度，一般设定为 10mm。

③　使用开榫机或榫凿开出 45mm深度的榫眼，如图 10-20 所示。

④　将画线器宽度设定为 10mm，在凳腿开好榫眼一端的断面处，与榫眼相对的一边画线。

图 10-18　榫眼上胶

⑤　将画线器宽度设定为 35mm，同样在断面再画一条线。

图 10-19　切斜面

图 10-20　开榫眼

⑥ 沿断面画平面于凳腿宽度的中心线，相交处，即为两个榫眼中心圆点。

⑦ 用桌夹固定凳腿，使用台钻开榫眼，一般设定 10mm 的深度。

（5）制作横档

① 将划线器设置为 45mm，在横档端面纹理向内的 4 个面标画出榫头的肩部。

② 在每块横档的端面纹理处用榫规标画出榫头的厚度。

③ 将画线器设置为 10mm，从端面纹理的两侧肩部进行标画，并保证榫头的长度为 50mm。

④ 使用开榫锯或带锯切出榫头，并用凿子清理榫头，如图 10-21 所示。

⑤ 标注横档长边的中心垂直线，按照横档宽度的一半，沿中心垂直线两边各画两条垂直线，作为缺口的宽度。

⑥ 在垂直线中间画一条平行于横档长边的线，与两条垂直线相交，标出需要切割的区域。

⑦ 用弓锯进行切割，再用凿子凿平、精修。

⑧ 在横档缺口两边的区域，用手钻各开两个螺钉孔，用于后期

螺钉固定，如图 10-22 所示。

图 10-21　制作榫头

图 10-22　横档螺孔

（6）开凳面榫眼

① 将凳腿与横档进行拼装，并进行调整，确保整体牢固、方正。

② 将圆榫钉插入凳腿榫眼（图 10-23），移动凳面与凳腿的位置，直到整体方正、合适。

图 10-23　试拼凳腿

③ 用铅笔标注出圆榫钉与凳面交接的位置，作为凳面的榫眼位置。

④ 用铅笔沿凳面四角画对角线，核验全部榫眼中心是否在对角线上，如有榫眼偏差太大，应再次预拼凳面，进行调整。

⑤ 如果担心榫眼位置对不准，可以用定位榫模板，定好凳腿榫眼位置后，再比对凳面进行标注。

⑥ 用台钻开榫眼，一般设定 10mm 的深度。

（7）拼装

① 将所有构件进行拼装，检查是否牢固、方正，如有不合适，应进行调整。

② 在榫眼涂抹木工胶，插入所有圆榫钉，然后将木凳拼装完成。

③ 在横档螺钉孔处，用自攻螺钉进行紧固，擦去溢出的木工胶。

④ 待木工胶完全凝固后，用砂纸对木凳进行打磨，并涂木蜡油两遍，静置干燥即可。

七、教你制作工具箱

对于木工来说，一个工具箱（图 10-24）是必不可少的储物用具，简单的木工箱也可以采用多种连接方式，例如直榫、燕尾榫等，也是非常值得动手制作的小摆件。

图 10-24　自制工具箱

1. 制作工具箱所用的工具和材料

制作工具箱所用的工具和材料如下。

松木板	手电钻
胶合板	电木铣
台锯	手工刨
平压刨	划线器
拼板夹	铅笔
斜凿	螺丝刀
开榫锯	木工胶
弓锯	刷子

2. 工具箱制作操作要点详解

（1）拼板

① 将木板开企口槽进行拼板，涂抹木工胶后，使用板夹进行固定。

② 待木工胶完全凝固后，用平压刨对木板进行刨平。

③ 用台锯将处理好的木板进行裁切，按照尺寸分别切出木工箱的四块侧板和盖板。

（2）制作燕尾榫

① 在两块长侧板的端头处，画出 5 个榫尾，然后使用斜凿凿出并修正。

② 在两块短侧板的端头处，画出 5 个头榫间槽，然后使用开榫锯进行切割，再用弓锯切掉废除部分，最后使用凿子进行修面。

（3）拼接底板与侧板

① 沿侧板底部往上 17mm 处，画一条 6mm 宽的凹槽线。

② 将带直线导轨带电木铣设置为 7mm 深度，沿画好的线开出凹槽。

③ 根据木工箱尺寸，用胶合板切割出木工箱底板。

④ 将底板与凹槽进行拼接，并进行局部修整，确保拼接合适、牢固，如图 10-25 所示。

⑤ 将榫槽与凹槽涂抹木工胶，然后把四个侧板和底板拼接牢固，并用固定夹进行固定，抹去溢出的木工胶。

⑥ 待木工胶完全凝固后，用手工刨对榫接处进行修整。

（4）安装合页

① 从一块长侧板的两边向内量 60mm，标记为合页的安装位置，并画出合页长宽。

② 将画线器宽度设定为与合页相同，在侧板合页位置处，画出合页槽的深度。

③ 用凿子仔细地凿出合页槽，并修面。

④ 将合页放入合页槽内，用铅笔将合页螺钉孔位置标记在侧板上。

图 10-25　榫接试拼

⑤ 用手电钻按照标记钻孔，然后用螺钉将合页固定住。

⑥ 将箱盖与箱体进行拼装，位置准确后，在箱盖木框背面标记合页的位置。

⑦ 用画线器标出合页的深度，然后用凿子凿出合页槽。

⑧ 调整箱盖合页槽，直到箱盖与箱体完全吻合，然后用铅笔标记出螺孔位置。

⑨ 使用手电钻，钻好螺钉孔后，使用螺钉固定箱盖。

(5) 打磨上漆

① 处理掉所有棱角，并用砂纸对工具箱进行打磨光滑。

② 上两遍木蜡油，静置干燥即可。

参 考 文 献

[1] GB 50300—2013. 建筑工程施工质量验收统一标准.

[2] GB 50202—2002. 建筑地基基础工程施工质量验收规范.

[3] GB 50203—2011. 砌体工程施工质量验收规范.

[4] GB 50204—2002. 混凝土结构工程施工质量验收规范.

[5] GB 50207—2012. 屋面工程施工质量验收规范.

[6] GB/T 50210—2001. 建筑装饰装修质量验收规范.

[7] JGJ/T 244—2011. 房屋建筑室内装饰装修制图标准.

[8] 理想·宅编. 一看就懂的装修施工书. 北京：中国电力出版社，2016.